JN062267

ノーション

Notion

API
Notion Application
Programming Interface
Utilization

活用術

小林弘幸 著

C&R研究所

■権利について

- 本書に記述されている社名・製品名などは、一般に各社の商標または登録商標です。
- 本書では™、©、®は割愛しています。

■本書の内容について

- 本書で紹介しているサンプルは、5ページに記載したURLで提供しています。
- サンプルデータの動作などについては、著者・編集者が慎重に確認しております。ただし、サンプルデータの運用結果にまつわるあらゆる損害・障害につきましては、責任を負いませんのであらかじめご了承ください。
- サンプルデータの著作権は、著者およびC&R研究所が所有します。許可なく配布・販売することは堅く禁止します。

●本書の内容についてのお問い合わせについて

　この度はC&R研究所の書籍をお買いあげいただきましてありがとうございます。本書の内容に関するお問い合わせは、「書名」「該当するページ番号」「返信先」を必ず明記の上、C&R研究所のホームページ(https://www.c-r.com/)の右上の「お問い合わせ」をクリックし、専用フォームからお送りいただくか、FAXまたは郵送で次の宛先までお送りください。お電話でのお問い合わせや本書の内容とは直接的に関係のない事柄に関するご質問にはお答えできませんので、あらかじめご了承ください。

〒950-3122 新潟県新潟市北区西名目所4083-6　株式会社 C&R研究所　編集部
FAX 025-258-2801
『Notion API活用術』サポート係

‖PROLOGUE

　本書は数多く発行されているNotionの解説書とは異なり、Notionを外部からアクセスするNotion APIのみに特化して説明するものです。こんな特異な書籍を手にされるという方は、Notionをある程度、使いこなしており、もう少し高度な使い方をしたいと思っている方だと思います。

　すでにNotion自体がかなり多くのユーザーに注目された結果、Notionをサポートするようなサードパーティの有料サービスや有料アプリも多くリリースされてきています。しかし、完全に自分の使い方にマッチしたものを見つけるのは難しいのではないでしょうか。

　もし自分でNotion APIを利用したコードを書くことができれば、自分の使い方に合わせたものを作成することができます。実際、Notion APIのプログラミングについては、ブログなどで多く紹介はされています。しかし肝心のAPIについて系統立てて説明しているものはそれほど多くなく、ほとんどがオフィシャルのAPIリファレンスを見てくださいに留まっています。このような状況から本書では、Notion APIに特化して系統立てて説明をしたいと考えました。

　CHAPTER 01では、Notion APIを使い始めるための準備を行います。ここでは、いくつかのツールをインストールするとともにAPI呼び出しの際に重要となるJSONデータの説明を行います。

　CHAPTER 02ではAPIで取得したJSONデータをもとにブロック要素、オブジェクト要素、プロパティ要素のデータ構造を説明します。JSONデータを実際に手元で確認することで、開発者ページのリファレンス記述が理解できるようになると思います。

　CHAPTER 03では、このデータ構造に基づき、実際にAPIを呼び出しながらNotion APIの機能について説明します。オリジナルのAPIリファレンスは要素ごとに記述されていますが、本書では読み込み・更新・作成・削除の機能ごとに説明します。

　CHAPTER 02とCHAPTER 03の2つの章はAPIリファレンスの代わりに参照してもらえるように、かなりページ数を割いて説明しています。

　CHAPTER 04以降は応用編となります。ここでは、拙作のいくつかのサンプルアプリを例として、作成方法から動作確認までを行います。

CHAPTER 04では、Google Apps Script（GAS）を用いて、Google Form更新トリガーやカレンダー変更トリガーを用いてページやブロックを作成・更新します。さらにGASをWeb app化する例として、Slackの情報をNotionに登録する仕組みについて説明します。GASは今回紹介した以外にも、時間指定トリガーやスプレッドシート更新トリガーなどさまざまなタイミングで処理を実行することができます。MakeやZapierなどノーコードで自動処理を行うサービスは便利ですが、GASでプログラミングすることができれば自分好みにサービスを作成できるので、ぜひ、挑戦してみてください。

CHAPTER 05では、Apple製品に無料で提供されているショートカットアプリを用いてアプリを作成します。モバイルデバイスはカメラや音声入力などの特徴的な入力が可能であり、場所を問わないデータ入力が期待できます。たとえば、今回紹介した「声でタスク登録」はApple Watchでも動作します。筆者も出先でふと思いついたタスクを、Apple Watchから登録することがあります。このような単機能だが有用なアプリを作るにはよい環境だと思います。

CHAPTER 06では、ここまでツールとして使っていたNotionRubyMappingを使った複雑なアプリを紹介します。拙作のNotionRubyMappingは、面倒なAPI読み出しやPaginationなどの処理をすべて裏方として処理してくれるライブラリです。これにより短いコードでかなり複雑な処理を記述することができます。興味があったら使ってみてください。

かなりプログラミングに偏った内容となっておりますが、本書が皆さんの自動化の一助になれば幸いです。

2023年3月

小林弘幸

本書について

対象読者について

本書は、ある程度のプログラミングの基礎を習得済み読者を想定しています。プログラミングの基本については解説を割愛しています。あらかじめご了承ください。

執筆時の動作環境について

本書で下記のバージョンで動作確認を行っています。

- Notion 2.21
- Ruby 3.2.1
- NotionRubyMapping 0.6.7
- macOS Ventura 13.2.1

本書に記載したソースコードについて

本書に記載したサンプルプログラムは、誌面の都合上、1つのサンプルプログラムがページをまたがって記載されていることがあります。その場合は ▼ の記号で、1つのコードであることを表しています。

また、紙面の都合上、本来は1行で記述するコードが折り返しになっている箇所があります。実際のコードについては、下記の「サンプルについて」の記載先などをご確認ください。

本書に記載した絵文字について

紙面の都合上、本書に記載した絵文字についてはNotion上で表示されるデザインとは異なっております。また、Webページのタイトルに含まれる絵文字については省略しています。あらかじめご了承ください。

サンプルについて

本書で紹介しているサンプルなどは下記のURLで提供しています。

URL https://hkob.notion.site/
　　　Notion-API-6a2fbec3e67142bea04d7979185b7c54

CONTENTS

■CHAPTER 01

Notion APIの概要と利用準備

■CHAPTER 02

Notion APIで理解するNotionのデータ構造

■ CHAPTER 03

Notion APIの基本（CRUD別の紹介）

■CHAPTER 04

Google Apps Scriptによる応用

CHAPTER 01

Notion APIの概要と利用準備

　本章では、まずNotionを外部から制御するNotion APIについて簡単に説明します。CHAPTER 02以降でNotion APIを使うことになりますが、そのための準備もここで行います。最後に、Notion APIを利用する際に必要となるJSONの記述方法についても説明します。

Notion APIについて

　Notionは日々更新されており、最近はLink PreviewやLinked Databaseなど、外部ツールとの連携も補強されつつあります。その一方で、以前から開発者を中心とした一部のユーザーは、自分のツールからNotionのデータにアクセスしたいと考えていました。当時、NotionのAPIは公開されていなかったので、ユーザーはリバースエンジニアリングすることでNotionが利用しているAPIの仕様を勝手に解析しました。解析されたAPIは非公式APIと呼ばれ、この非公式APIをもとにさまざまなアプリやサービスが展開されていました。ただし、Notionから正式にリリースされたものではないため、Notion自体のバージョンアップなどに伴い、動作が不安定になることもありました。

　このような中、2021年5月13日にNotionから公式にNotion APIがベータ公開されました。非公式APIはNotion側の都合で変更される可能性があるので、公式でリリースされたことは非常に好ましいことです。

- ● 2021年5月13日 - Start building with the API
  - URL https://www.notion.so/ja-jp/releases/2021-05-13

　そして、2022年3月2日に開催されたNotionの第2回カンファレンス「Block by Block 2022」において、Notion APIを正式リリースすることが発表されました。今回、Notion APIが正式リリースされたことを受けて、本書を執筆させていただくことになりました。

- ● 2022年3月3日 - APIで各種ツールをNotionに連携
  - URL https://www.notion.so/ja-jp/releases/2022-03-03

　本書では実際に読者の方に手を動かしてもらい、動作結果をもとに説明を行う予定です。本章の後半では、実際にNotion APIを使うための準備をしていただきます。

サンプルテンプレートの複製

　前述の通り、本書では実際にAPI呼び出しを行い、その結果をもとに説明をしていきます。実際に読者の手元でも動作確認をしてもらうために、サンプルテンプレートを配布します。下記のURLにアクセスし、右上の「複製」をクリックして自分のプライベートページにコピーしておいてください。

- Notion API 書籍用テンプレート

　URL　https://hkob.notion.site/
　　　　　　　　Notion-API-6a2fbec3e67142bea04d7979185b7c54

　本書では各節・各アプリ用にテンプレートページを用意しています。各章の指示に従って、ページを準備してください。

インテグレーションキーの作成と取得

　本節では、Notion APIのアクセスするために必要となるインテグレーションキーを作成
し、その取得方法を説明します。また、アクセスしたいNotionページにインテグレーション
を結び付けるコネクトについても解説します。

███ インテグレーションキーの作成

　ユーザーがNotionを直接利用する場合には、利用前にアカウントとパスワードを用い
て認証を行います。一方、Notion APIの場合には毎回この認証を行う代わりに、認証
したユーザーが作成した「インテグレーションキー」を用いて認可を行います。Notionの
サーバーは、このキーを使ったアクセスは認証したユーザーが認めたものとして許可しま
す。逆にいうとこのキーが第三者に渡ると、取得した第三者があなたのページを編集で
きるようになります。キーの取り扱いには非常に注意しましょう。

　これから利用するAPIアクセスのためには、このインテグレーションキーを作成しなけれ
ばなりません。まだインテグレーションキーを作成していない場合は、次の手順で作成して
ください。

❶ 下記のURLにアクセスします。筆者の場合にすでに使っているいくつかのインテグレー
　 ションが表示されています。
　 ● Notion - The all-in-one workspace for your notes, tasks, wikis, and databases.
　 `URL` https://www.notion.so/my-integrations
❷ 左にある「＋新しいインテグレーション」という黒いボタンか、右側にある「新しいインテグ
　 レーションを作成する」をクリックします。

●私のインテグレーション

❸ インテグレーションの名前と許可範囲を設定します。名前は好きなものを入れてください。画像は必須ではありませんが、複数のインテグレーションを区別したいなら設定するといいでしょう。権限については、今回はすべての項目をONにしておきましょう。最後に「送信」ボタンをクリックします。

◉ 新しいインテグレーション（上部）

◉新しいインテグレーション（下部）

❹ 送信するとインテグレーションの確認画面になります。このトークンの部分で伏字にされているものがインテグレーションキーです。表示をクリックすると「secret_」で始まる長い文字列が表示されます。また、下のほうにインテグレーションの種類を設定する部分がありますが、これはデフォルトの内部インテグレーションのままにしておきます。作成作業はこれで終了です。

●作成したインテグレーションキー

●インテグレーションの種類

▮▮ インテグレーションキーの取得

作成したインテグレーションキーは、先ほどの「私のインテグレーション」ページのトークンの部分でコピーすることができます。ただ、毎回この画面に移動するのは面倒なので、Notionアプリから取得するほうが簡単です。次の手順で取得してください。

❶ Notionアプリを開いたら、サイドメニューから「設定」をクリックします。

❷ 設定メニューの一番下にある「コネクト」をクリックします。

❸ 先ほど作成したインテグレーションの右端の「…」から「トークンをコピーする」をクリックします。

●Notionアプリにおけるインテグレーション

❹ テンプレートにインテグレーションを記録する場所を用意してあります。このブロックは関連する別のページにも同期ブロックで連携し、そちらでも閲覧できるように設定済みです。クリップボードに格納されているインテグレーションキーをここにペーストしておきましょう。

●インテグレーションの保存場所

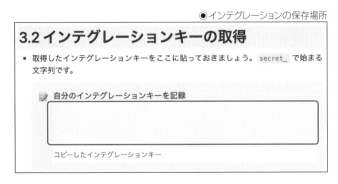

▐▐▐ インテグレーションのコネクト

　作成したインテグレーションは、アクセスしたいページにコネクトしないと利用できません。逆にコネクトを許可したインテグレーションは、設定したページにアクセスできるだけでなく、その配下の子ページについてもアクセスできる権限を持ちます。

　以降の章では13ページで複製してもらったテンプレートページにNotion APIでアクセスを行います。このため、テンプレートページのトップページに対し、作成したインテグレーションをコネクトしてください。手順は次の通りです。

❶ テンプレートのページを開き、右上の「…」をクリックします。

❷ 「コネクトの追加」をクリックし、作成したインテグレーションを選択します。

●コネクトの追加

❸ アクセスを許可するか確認するダイアログが開くので、「はい」ボタンをクリックします。

●アクセス許可の確認

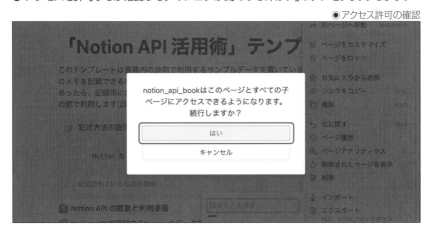

❹ 設定が終わるとコネクトの部分にインテグレーションが表示されます。

●設定の完了

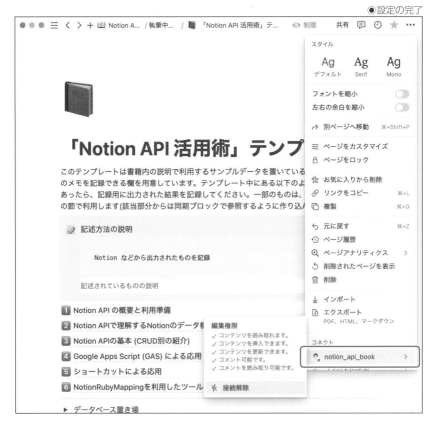

これでこのページおよびその配下のページにAPIからアクセスできるようになりました。

NotionRubyMappingのインストール

本節では、主にCHAPTER 02でNotion APIのデータ構造を確認するために利用するNotionRubyMappingのインストール方法について解説します。

NotionRubyMappingについて

CHAPTER 02ではNotionのデータ構造を解説します。この段階ではまだ複雑なプログラミングをしたくないため、拙作のNotionRubyMappingというライブラリを利用します。NotionRubyMappingは、Notionのページ・ブロックなどをRubyオブジェクトにマッピングするツールです。このツールを使うと簡単なコマンドをタイプするだけで、Notionの内部構造を確認することができます。本書ではCHAPTER 02〜05において、データ構造の解説のために利用します。手元でも同じように確認したいときはインストールしてください。

NotionRubyMappingは短いコードで、Notionのページやブロックを取り扱うことができます。そのため、ちょっとしたコマンドラインツールを作るのに最適です。CHAPTER 06では、私が普段から運用しているいくつかのツールを紹介しています。

Rubyのインストール

NotionRubyMappingはRuby上で動作します。Rubyのインストールについては、下記のページを参照してください。

- ダウンロード
  URL https://www.ruby-lang.org/ja/downloads/

Windowsの場合には、ここからダウンロードできるRubyInstallerでインストールできます。macOSの場合には、システムに少し古い2.6.10のバージョンのものが入っています。NotionRubyMappingは2.6以上のバージョンで動作するように作っているので、システムに入っているものをそのまま使っても構いません。もし、より新しいバージョンのRubyを使いたい人は、rbenvなどを使ってホームディレクトリ内に最新版のRubyをインストールするとよいでしょう。その他のLinuxの場合もパッケージ版のRubyを使ってもいいですし、macOSと同様にrbenvなどでホームディレクトリ内にインストールしてもいいでしょう。

■ NotionRubyMappingのインストール

NotionRubyMappingはRubyGemで配布されています。最新バージョンなどの情報は下記のURLで確認できます。

- ● notion_ruby_mapping | RubyGems.org | your community gem host
  URL https://rubygems.org/gems/notion_ruby_mapping

インストールはそれぞれのターミナルソフトウェアから行います。

▶Windowsの場合

最近のWindows 11ではWindows Terminal、Windows 10などではPowerShellを立ち上げます。立ち上げたら gem コマンドで notion_ruby_mapping をインストールします。

```
gem install notion_ruby_mapping
```

●「gem」コマンド（Windows）

●インストール結果（Windows）

▶macOS、Linuxの場合

　macOSやLinuxの場合、システムにインストールされているrubyを使う場合と、rbenv
などでホームディレクトリにインストールされているrubyを使う場合でコマンドが異なりま
す。前者の場合には、管理者権限が必要となるため、管理者権限でコマンドを実行す
る **sudo** をコマンドの前に記述する必要があります。

◉システムのRubyを使う場合

```
sudo gem install notion_ruby_mapping
```

◉ホームディレクトリにインストールしたRubyを使う場合（rbenvなど）

```
gem install notion_ruby_mapping
```

◉インストール結果（macOSでrbenvを使用）

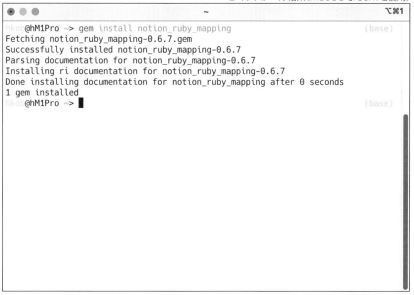

```
hkob@hM1Pro ~> gem install notion_ruby_mapping                        (base)
Fetching notion_ruby_mapping-0.6.7.gem
Successfully installed notion_ruby_mapping-0.6.7
Parsing documentation for notion_ruby_mapping-0.6.7
Installing ri documentation for notion_ruby_mapping-0.6.7
Done installing documentation for notion_ruby_mapping after 0 seconds
1 gem installed
hkob@hM1Pro ~>                                                         (base)
```

　NotionRubyMappingの具体的な使い方はCHAPTER 02で説明します。

Talend API Testerのインストール

　CHAPTER 03では実際にNotionのサーバーに直接アクセスし、Notion APIの入出力を確認します。OSの違いを吸収するために、今回は「Talend API Tester」というChromeの機能拡張を利用します。Google Chromeを開き、ChromeウェブストアでTalend API Testerのページにアクセスします。Chromeに追加の後、権限確認をするとインストールが完了します。

- Talend API Tester - Free Edition
   URL　https://chrome.google.com/webstore/detail/
　　　　　talend-api-tester-free-ed/aejoelaoggembcahagimdiliamlcdmfm?hl=ja

●Chromeストア

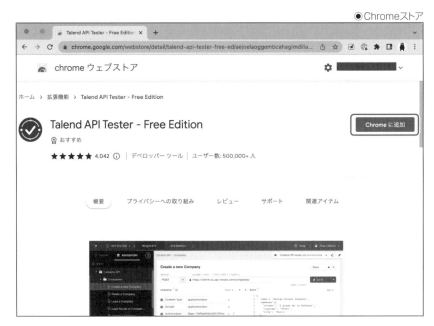

●確認画面

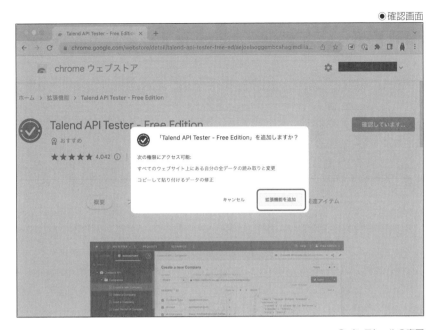

●インストールの完了

Talend API Testerの具体的な使い方はCHAPTER 03で説明します。

01

Notion APIの概要と利用準備

JSONデータフォーマット

　Notion APIはHTTPSベースでデータをやり取りするWeb APIです。その入出力にはJSON（JavaScript Object Notation）と呼ばれるデータ交換用フォーマットを利用します。JSONはJavascriptのオブジェクトをテキストで表現したものであり、表現するもとのデータ型は次の6つになります。

- 数値（整数または浮動小数点数）
- 文字列（「""」で括られた文字列）
- 真偽値（「true」または「false」）
- null
- 配列（「[]」で括られたデータのシーケンス）
- オブジェクト（「{}」で括られた順序付けられていないキーと値のペアの集まり）

　ここではNotionで使われているいくつかの簡単な例で記述方法を説明します。これはチェックボックスのデータ構造をオブジェクトで表記した例です。

```
{
  "type": "checkbox",
  "checkbox": false
}
```

この表記は下記のことを示しています。

- このオブジェクトは2つのキーと値のペアを持っている。
- 「"type"」という文字列のキーに対して、「"checkbox"」という文字列の値がある（本書ではこれを「"type"」キー値と短縮して呼ぶことにする）。
- 「"checkbox"」という文字列のキーに対して、「false」という真偽値の値がある（本書では「"checkbox"」キー値と呼ぶことにする）。

　次の例は配列が含まれたオブジェクトです。これは、SEL1、SEL2というオプションが選ばれたマルチセレクトを示しています。

```
{
  "type": "multi_select",
  "multi_select": [
    {
      "name": "SEL1"
    },
    {
```

▼

```
      "name": "SEL2"
    }
  ]
}
```

少し複雑なので外側から順番に説明します。

- このオブジェクトも2つのキーと値のペアを持っている。
- 「"type"」という文字列のキーに対して、「"multi_select"」という文字列の値がある。
- 「"multi_select"」という文字列のキーに対して、配列の値がある(本書では、これを「"multi_select"」キー配列と短縮して呼ぶことにする)。
- 配列の中には「"name"」をキーに持つ2つのオブジェクトが含まれている。

さらにテキストだと下記のように複雑になります。基本的には同じ構成なので詳細は省略します。まだ、説明していないものとして link や href の部分に null という表記があります。ここで null はデータが存在しないことを示す記号です。このテキストにはリンクが設定されていないので、null が指定されています。また、中段の "text" キーにはオブジェクトが割り当てられています。本書ではこれも短縮して "text" キーオブジェクトと呼ぶことにします。

```
{
  "type": "rich_text",
  "rich_text": [
    {
      "type": "text",
      "text": {
        "content": "Test",
        "link": null
      },
      "plain_text": "Test",
      "href": null
    }
  ]
}
```

本節では説明しやすいように改行やインデントをきれいに整えて表記しました。本書の中では誌面の都合から、一部改行やインデントを整えない場合もあります。ご了承ください。

また、自分でJSONを記述するときには {} や [] の対応を間違えないようにしてください。不安な人は、JSONの文法をチェックしてくれるサイトなどで確認するとよいでしょう。

- The JSON Validator
  URL https://jsonlint.com/

## CHAPTER 02

Notion APIで理解するNotionのデータ構造

Notion APIを使うためには、Notionがどのようなデータ構造を持っているのかを知る必要があります。前章でインストールしたNotionRubyMappingを用いて、Notion内部にどのような形で情報が格納されているかを理解しましょう。

NotionRubyMappingの起動

　本章ではNotionのデータ構造をAPIが返却するJSONオブジェクトで確認します。ただし、いきなり難しいプログラムを記述するのは大変なので、拙作のNotionRubyMappingを用いてデータを取得してみます。

　NotionRubyMappingを使うためには、Rubyの起動後にライブラリの読み込みとインテグレーションキーの登録をする必要があります。手元でも動作を確認したい人は、ここに示す起動手順を実施してください。また、NotionRubyMappingをまだインストールしていない人は21ページの手順でインストールしてください。逆に動作確認をしない人は本節をスキップして32ページに進んでください。

　NotionRubyMappingはRuby言語の上で動作するライブラリです。ここではインタラクティブ（会話的）にRubyプログラムを動作させることができる **irb** コマンドを使用します。22ページまたは23ページで利用したものと同じターミナル上で **irb** を起動すると、次のように **irb** 自身のプロンプトが表示されます。以降、本書ではコンピュータからの出力結果はアンダーラインで表記します。また、紙面ではこれ以降プロンプトは省略します。なお、irbコマンドは **exit** とタイプすると終了します。

```
% irb
irb(main):001:0>
```

　irb が起動したら、次の手順でNotionRubyMappingを読み込みMix-inします。その後、NotionRubyMappingの **configure** メソッドを使い、14ページで作成したインテグレーションキーを登録します。なお、**#** はRubyにおけるコメントであり、この部分はタイプする必要はありません。先に複製してもらったテンプレートには、これらのコマンドをコードブロックで用意しているので、タイプするのが大変な人はテンプレートからコピー＆ペーストしてください。

```
# notion_ruby_mapping の読み込み
require "notion_ruby_mapping"
=> true

# Prefix を省略するために NotionRubyMapping module を Mix-in
include NotionRubyMapping
=> Object

# ライブラリにインテグレーションキーを登録
# secret_ の部分は自分のものに置き換えてください
NotionRubyMapping.configure { |config| config.token = "secret_..." }
=> "secret_..."
```

　これでNotionRubyMappingを使ってNotionデータを取得できるようになりました。次の節から、13ページで複製したテンプレートの各種データを読み込んでみましょう。

データの分類

　Notionのデータ構造はかなり複雑です。その詳細はNotion本家のAPI reference で確認することができます。しかし、このリファレンスは利用用途ごとにまとめられており、あちこちに情報が分散されています。たとえば、プロパティには4種類のJSON表記がありますが、それに関する情報がページ・データベースに別れて説明されていて理解しにくいです。そのため、本書ではそれぞれの要素ごとにデータ構造を解説していきます。

- Start building with the Notion API
  - **URL** https://developers.notion.com/reference/intro

　Notionのデータは大きく3つの種類の要素に分類できます。図はそれぞれの要素の関係を示したものです。「Notionはブロックの集合体だ」と説明されるように、Notionは基本的にブロック要素が主な要素になります。ユーザーが / コマンドで入力するさまざまなブロックは当然ブロック要素ですが、そのもとになるページやデータベースもブロック要素になります。ブロック要素はお互いに階層構造を取ることができます。

●要素の分類

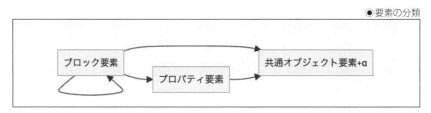

　さらに、データベースやそれに付随するページには、プロパティというデータが存在します。プロパティ要素にはテキストや数値などさまざまな型が存在します。さらに同じプロパティでも使用するAPIによってJSONオブジェクトの表現方法が次のように異なります。

- データベースを取得したときのJSONオブジェクト（Property object）
- データベースを設定するときのJSONオブジェクト（Property schema object）
- ページを取得したときのJSONオブジェクト（Property item object）
- ページを追加・更新するときのJSONオブジェクト（Property value object）

　また、これらブロックやプロパティのデータを構築するために必要な共通オブジェクト要素がいくつかあります。Notion側におけるオブジェクトとは、テキストやURLなど、基本的な要素の塊です。本章ではこの共通オブジェクト要素を最初に説明し、その後ブロック要素について説明します。プロパティ要素についてはかなり複雑なので、最後に説明します。

02

Notion APIで理解するNotionのデータ構造

| COLUMN | 本書での表記について |

Notion APIに登場するキーワードについては、API Referenceを参照しやすくするため、意図的に翻訳せず英語のまま表記します。たとえば、Notion側のキーワードである共通オブジェクト要素については、objectと記載します。26ページで説明したJSONのオブジェクトはカタカナで表記するので、この表記で区別してください。また、本章ではRubyのオブジェクトも出現します。文脈上でこれらの区別が曖昧そうな場合には、JavaScriptやRubyなどと明記します。

共通オブジェクト要素+α

　本節では主に共通オブジェクト要素を個別に説明していきます。また、関連するUser objectと最近追加されたComment objectもこの節で説明します。

▌▌▌共通オブジェクトの分類

　図は共通オブジェクトの分類を示したものです。この図に示すように共通オブジェクト要素には「File」「Emoji」「Parent」「Rich text」の4種類が存在します。これらのうち最後の「Rich text」は、「Text」「Equation」「Mention」に分類されます。さらに「Mention」はメンション相手によって、「User mentions」「Page mentions」「Database mentions」「Date mentions」「Link preview mentions」「Template mentions」の6つに分類されます。本節では、これらのオブジェクトを実際にNotion APIを用いて取得し、内容を確認していきます。

●オブジェクトの分類

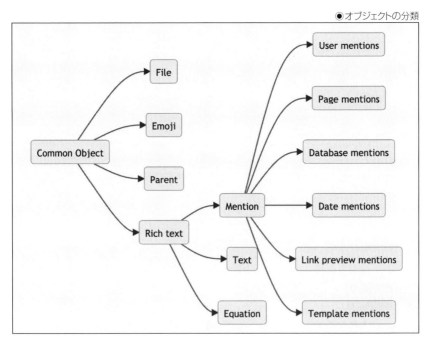

▌▌▌ User Object

　共通オブジェクトには含まれませんが、最初にUser ObjectをNotionRubyMappingで確認してみます。これは最も簡単に取得できるオブジェクトであるためです。ここではすでに30ページの `irb` の起動およびインテグレーションキーの読み込みが終わっているものとします。この状態で `irb` のプロンプトから次のコマンドを実行してください。ここで右辺の `UserObject.find_me` はNotion APIを経由してNotionサーバーからbotユーザーを取得する `UserObject` のクラスメソッドです。結果として、左辺の `bot` に `UserObject` クラスのRubyオブジェクトが格納されます。botユーザーは実際に存在するユーザーではなく、インテグレーションキーによって代理アクセスを行っているユーザーです。

```
bot = UserObject.find_me
=> NotionRubyMapping::UserObject-827fbc7159c546f79eac91824b6a6cad
```

　このRubyオブジェクトの中にはNotionから返されたJSONオブジェクトがRubyオブジェクトの形に変換されて格納されています。これを `JSON.pretty_generate` メソッドで整形したJSON文字列に変換して表示してみましょう（途中アバターのURLは長いので省略しています）。

```
print JSON.pretty_generate(bot.json)
{
  "object": "user",
  "id": "827fbc71-59c5-46f7-9eac-91824b6a6cad",
  "name": "notion_api_book",
  "avatar_url": "(省略)",
  "type": "bot",
  "bot": {
    "owner": {
      "type": "workspace",
      "workspace": true
    }
  }
}=> nil
```

　ここで `=> nil` の前までが、`print` で表示されたJSON文字列です。これからさまざまなNotionのJSONオブジェクトが示されますが、どれもここに示したUserObjectと同じ形式を持ちます。具体的には、ほとんどのオブジェクトが `"type"` キー値（この場合は `"bot"` ）を持ち、その値をキーにしたオブジェクト（ `"bot"` キーオブジェクト）に必要な情報が格納されます。ただし、`"bot"` キーオブジェクトの中身はあまり意味のある情報はないのでこの説明は省略します。

　User objectの場合は、これ以外に **"id"** キー値と **"name"** キー値が存在しており、それぞれユーザーのIDと名前が格納されています。User objectの場合は、この2つの情報のほうが重要です。ここで **"id"** とは、Notionに関するさまざまなデータを一意に参照できるように振られた32桁の16進数です。ただし、Notion APIから返却されるIDは見やすさのために、8文字-4文字-4文字-4文字-12文字ごとに - で区切った形で表記されます。この - はあってもなくても同様にアクセスできます。

　UserObject には **"bot"** 以外にもう1つのバージョンとして **"person"** という **"type"** が存在します。こちらも確認してみましょう。ここでは **UserObject.all** メソッドを使用し、ワークスペースに存在するユーザーの一覧を取得します。そこから **"bot"** 以外の **"person"** ユーザーを1人取り出してみましょう。

```
user = UserObject.all.select { |u| u.json["type"] == "person" }.first
=> NotionRubyMapping::UserObject-2200a9116a9644bbbd386bfb1e01b9f6
```

　先ほどと同様にJSONを表示してみます。一般ユーザーは **"type"** が **"person"** になっており、対応する **"person"** オブジェクトが格納されています。この **"person"** オブジェクトは **"email"** キー値だけを持っています。このように **"type"** によって、それに対応するオブジェクトは記述方法がまったく異なることがわかります。ここで取得したidをテンプレートにメモしておいてください。116ページにおいて、記録した **user_id** を利用してこのオブジェクトを取得します。

```
print JSON.pretty_generate(user.json)
{
  "object": "user",
  "id": "2200a911-6a96-44bb-bd38-6bfb1e01b9f6",
  "name": "Hiroyuki KOBAYASHI",
  "avatar_url": "(省略)",
  "type": "person",
  "person": {
    "email": "登録されているメールアドレス"
  }
}=> nil
```

File object

　以降で、共通オブジェクトの構成について順に解説していきます。ただし、共通オブジェクトは直接取得するNotion APIが用意されていません。そこで、13ページで複製したテンプレートに図のようなオブジェクト取得用のブロックを用意しました。このブロックを取得し、その中からオブジェクト要素を取得していきます。

●用意したテンプレート

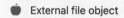

External file object

　最初に登場するリンゴマークのコールアウトブロックはファイルアイコンを利用しています。最初に取り上げるFile objectはこのファイルアイコンの中に格納されています。これを取り出すために、親であるコールアウトブロックをリンクを使って取得しましょう。まず、コールアウトブロックの左にあるブロックハンドルと呼ばれる6点アイコンをクリックしてメニューを表示し、「ブロックへのリンクをコピー」を選択します。

●ブロックへのリンクをコピー

　次に `Block.find` メソッドを使って、このリンクURLからブロックを取得します。ブロックの節で再度説明しますが、この `Block.find` はブロックのIDまたはURLで指定されたブロックをNotionから取得し、Rubyのブロックオブジェクトに変換するメソッドです。この結果、Rubyの `CalloutBlock` オブジェクトが変数 `b` に入ります。

```
# ブロックを取得
b = Block.find "コピーしたリンクをここに貼り付け"
=> NotionRubyMapping::CalloutBlock-38af0e9ad8e945abba63232ba5b23796
```

　Block objectの構成は次節で説明するので、ここでは現象だけ説明します。今回確認するFile objectは、Block objectの中の `"callout"` 、`"icon"` の順に階層的にアクセスした先に格納されています。User Objectの場合と同様に、このRubyオブジェクトからJSONオブジェクトを取り出し、該当部分を表示しましょう。

```
# コールアウトのアイコンを取得
print JSON.pretty_generate(b.json["callout"]["icon"])
{
  "type": "external",
  "external": {
    "url": "https://www.notion.so/icons/apple_red.svg"
  }
}=> nil
```

　結果を確認するとUser objectと同様に **"type"** キー値(この場合は **"external"**)があり、その値をキーにしたオブジェクト(**"external"** キーオブジェクト)が格納されています。File objectにはここで示した **"external"** (外部リンク)とは別に、Notionにアップロードされたファイルを示す **"internal"** (内部リンク)も存在します。ただし、現在、APIでファイルをアップロードする仕組みが用意されていないため、値を変更できるのは **"external"** のみとなります。なお、**"external"** キーオブジェクトには、**"url"** キー値のみが存在します。この **"url"** キーのみを持つオブジェクトは、NotionではLink objectと呼んでおり、さまざまな場所で使われます。

ⅢEmoji object

　File objectと同じ要領で、次の絵文字を使ったコールアウトブロックを取得してください。ブロックのリンクを取得し、中にあるアイコンを示すオブジェクトを表示します。

◉Emoji objectを含むコールアウトブロック

💡　**Emoji Object**

　先ほどのFile objectと異なり、**"type"** は **"emoji"** となっています。さらに、**"emoji"** キー値として " 💡 " の絵文字が格納されていることがわかります。このことから、コールアウトブロックは **"icon"** としてFile objectかEmoji objectを格納することがわかります。

```
b = Block.find "コピーしたリンクをここに貼り付け"
=> NotionRubyMapping::CalloutBlock-2ce027a406844aab999c3fee57be79f4

print JSON.pretty_generate(b.json["callout"]["icon"])
{
  "type": "emoji",
  "emoji": " 💡 "
}=> nil
```

SECTION-009 ■ 共通オブジェクト要素+α

Parent object

Parent objectは **2022-06-28** バージョンから命名された比較的新しいオブジェクト
です。このバージョンからブロックの親もParent objectとして取得できるようになりました。
先ほどのコールアウトブロックに格納されているParent objectを表示してみましょう。

```
print JSON.pretty_generate(b.json["parent"])
{
  "type": "page_id",
  "page_id": "620dec0c-29ca-44e2-9b5a-6f35eff516a2"
}=> nil
```

コールアウトの親ブロックはページなので、**"type"** キー値は **"page_id"** となっていま
す。そして、**"page_id"** キー値には、該当するページのidが格納されています。Parentオ
ブジェクトのキーとしては、他に **"database_id"**、**"block_id"**、**"workspace"** があ
ります。**"page_id"**、**"database_id"** および **"block_id"** はページ、データベース
およびブロックを一意に特定する ID です。その詳細は次節で説明します。

Rich text object

ここから先はRich text objectになります。Rich text objectはさらに細分化されてい
るので、個別に解説していきます。Rich text objectは下表に示す共通の属性を持っ
ています。この中で装飾を示すannotationsは少し複雑なので、最初のText objectの
ところで詳しく説明します。

●Rich text objectの共通属性

キー	型	説明
plain_text	文字列	装飾なしの文字列
href	文字列 （省略可能）	外部リンクまたはメンションリンク
annotations	オブジェクト	色を含む装飾
type	文字列	Rich text objectの種別("text"、"mention"、"equation")

▶ Text object

テンプレートページに、さまざまな装飾が1行にまとめられているテキストブロックを用意
しました。このテキストブロックでText objectのannotationsを確認しましょう。テキストブ
ロックはNotion APIでは **ParagraphBlock** と呼ばれています。

●複数のTextオブジェクトを含むテキストブロック

装飾なし**ボールド**イタリックアンダーライン取り消し線 コード 赤字緑背景Google

```
# ブロックを取得
b = Block.find "コピーしたリンクをここに貼り付け"
=> NotionRubyMapping::ParagraphBlock-56f8f7ae8bbf4acfa69b86f2fbddb943
```

ParagraphBlock には装飾やリンクの違いによる9個のText objectが配列として格納されています。まず0番目の配列要素（Rubyは配列の要素を0から数えます）である装飾なしのText objectについて説明します。Text objectの中には、 **"text"** キーオブジェクト、 **"annotations"** キーオブジェクト、 **"plain_text"** キー値および **"href"** キー値が存在します。テキスト自体は **"text"** キーオブジェクトの **"content"** キー値に格納されているだけでなく、 **"plain_text"** キー値にも格納されています。このText objectは装飾されていないので、 **"annotations"** の各キー値はすべて **false** または **"default"** になっています。

```
print JSON.pretty_generate(b.json["paragraph"]["rich_text"][0])
{
  "type": "text",
  "text": {
    "content": "装飾なし",
    "link": null
  },
  "annotations": {
    "bold": false,
    "italic": false,
    "strikethrough": false,
    "underline": false,
    "code": false,
    "color": "default"
  },
  "plain_text": "装飾なし",
  "href": null
}=> nil
```

残りの装飾があるものも順番に確認してみましょう。ただし、紙面の都合上、装飾なしのものと等しい部分およびテキスト部分は省略しています。まず、1番目から5番目までのText objectはそれぞれ異なる装飾を付けたものです。このとき、 **"annotations"** キーオブジェクト内の該当するキー値が **true** に変わっていることがわかります。

```
print JSON.pretty_generate(b.json["paragraph"]["rich_text"][1]) # ボールド
{
  （中略）
    "bold": true,
  （中略）
}=> nil

print JSON.pretty_generate(b.json["paragraph"]["rich_text"][2]) # イタリック
{
```

```
  （中略）
    "italic": true,
  （中略）
}=> nil


print JSON.pretty_generate(b.json["paragraph"]["rich_text"][3]) # アンダーライン
{
  （中略）
    "underline": true,
  （中略）
}=> nil


print JSON.pretty_generate(b.json["paragraph"]["rich_text"][4]) # 取り消し線
{
  （中略）
    "strikethrough": true,
  （中略）
}=> nil


print JSON.pretty_generate(b.json["paragraph"]["rich_text"][5]) # コード
{
  （中略）
    "code": true,
  （中略）
}=> nil
```

　6番目および7番目のText objectは文字色や背景色を変更したものです。この場合も同様に、それぞれの色の名前が **"annotations"** キーオブジェクト内の **"color"** キー値に格納されていることがわかります。

```
print JSON.pretty_generate(b.json["paragraph"]["rich_text"][6]) # 赤字
{
  （中略）
    "color": "red"
  （中略）
}=> nil


print JSON.pretty_generate(b.json["paragraph"]["rich_text"][7]) # 緑背景
{
  （中略）
    "color": "green_background"
  （中略）
}=> nil
```

また、一番最後のものにはリンクが含まれています。リンクは **"href"** キー値だけでなく、**"text"** キーオブジェクトの **"link"** キーオブジェクトにも格納されています。**"link"** キーオブジェクトはFileオブジェクトと同様に **"url"** キー値だけを持つLink objectになっています。

```
print JSON.pretty_generate(b.json["paragraph"]["rich_text"][8]) # リンクあり
{
  "type": "text",
  "text": {
    "content": "Google",
    "link": {
      "url": "https://google.com/"
    }
  },
  (中略)
  "href": "https://google.com/"
}=> nil
```

▶ Equation object

Equation objectはインライン数式に対応するオブジェクトです。これまでと同様にインライン数式のあるテキストブロックを取得し、JSONを確認してみましょう。**"type"** が **"equation"** に変わっており、**"equation"** キーオブジェクト内に **"expression"** キー値としてLaTeX数式が格納されています。それ以外の **"annotation"** キーオブジェクト、**"plain_text"** キー値および **"href"** キー値についてはText objectと同様なので、説明は省略します。

●Equation objectを含むテキストブロック

$$y = f(x)$$

```
b = Block.find "コピーしたリンクをここに貼り付け"
=> NotionRubyMapping::ParagraphBlock-c24515aa8fb1474cbe2638c86bf756f0

print JSON.pretty_generate(b.json["paragraph"]["rich_text"][0])
{
  "type": "equation",
  "equation": {
    "expression": "y=f(x)"
  },
  (中略)
}=> nil
```

▶Mention object

前述の通り、Rich text objectに含まれるMention objectは、メンション先によってさらに複数個に分類されます。図に示すようにテンプレートにさまざまなメンションオブジェクトを設置したので、これを取得してみます。

●Mention objectを含むテキストブロック

@Hiroyuki KOBAYASHI 📑 **2章 データ構造確認テンプレート** 📑 **サンプルデータベース** @2022年1月1日 🐙 notion_ruby_mapping Issues@日曜日 @日曜日 午後 6:16 @Hiroyuki KOBAYASHI

```
b = Block.find "コピーしたリンクをここに貼り付け"
=> NotionRubyMapping::ParagraphBlock-7ac659ae168247b8b1bd29a51ec55aae
```

まず、0番目の要素のUser mentionsを確認します。Mention objectは **"type"** が **"mention"** になり、**"mention"** キーオブジェクト内にメンション情報が入っています。mentionの種類はこのキーオブジェクト内の **"type"** キー値に格納されています。User mentionsではこの値が **"user"** になっており、**"user"** キーオブジェクトとして、前述のUser objectが格納されています。このようにあるオブジェクトの中に別のオブジェクトが階層的に含まれるのがNotionの基本的なデータ構造です。各階層がどのObjectに相当するのかは、その階層の **"type"** キー値で確認することになります。なお、Mention objectはテキスト情報を持たないので、表示されるテキストは **"plain_text"** の部分に格納されています。

```
print JSON.pretty_generate(b.json["paragraph"]["rich_text"][0])
{
  "type": "mention",
  "mention": {
    "type": "user",
    "user": {
      "object": "user",
      "id": "2200a911-6a96-44bb-bd38-6bfb1e01b9f6",
      "name": "Hiroyuki KOBAYASHI",
      "avatar_url": (省略),
      "type": "person",
      "person": {
        "email": "hkob@metro-cit.ac.jp"
      }
    }
  },
  (中略)
  "plain_text": "@Hiroyuki KOBAYASHI",
}=> nil
```

次の1番目の要素はPage mentionsです。**"mention"** キーオブジェクト内の **"type"** キー値は **"page"** になっています。対応する **"page"** キーオブジェクトは **"id"** キー値のみを持つPage objectです。Page objectのその他の要素については、次章で解説します。また、**"href"** キー値にはページへのリンクが設定されています。

```
print JSON.pretty_generate(b.json["paragraph"]["rich_text"][1])
{
  "type": "mention",
  "mention": {
    "type": "page",
    "page": {
      "id": "620dec0c-29ca-44e2-9b5a-6f35eff516a2"
    }
  },
  (中略)
  "plain_text": "2章 データ構造確認テンプレート",
  "href": "https://www.notion.so/620dec0c29ca44e29b5a6f35eff516a2"
}=> nil
```

2番目の要素はDatabase mentionsです。**"database"** キーオブジェクトは、**"id"** キー値のみを持つDatabase objectです。こちらもDatabase objectのその他の要素については、次章で解説します。こちらも **"href"** キー値にはリンクが設定されています。

```
print JSON.pretty_generate(b.json["paragraph"]["rich_text"][2])
{
  "type": "mention",
  "mention": {
    "type": "database",
    "database": {
      "id": "0e606e93-9784-4e4a-ac29-480f46dc8c82"
    }
  },
  (中略)
  "plain_text": "サンプルデータベース",
  "href": "https://www.notion.so/0e606e9397844e4aac29480f46dc8c82"
}=> nil
```

3番目の要素はDate mentionsです。**"date"** キーオブジェクトは、**"start"**、**"end"**、**"time_zone"** の3つのキー値が存在し、それぞれ開始日・終了日・タイムゾーンが格納されています。Notion APIのリファレンスでは特に名前を付けて説明されていませんが、日付を取り扱う部分で数多く出現します。本書ではこれをDate objectと呼ぶことにします。この例では終了日が設定されていないので、**null** 値が入っています。

```
print JSON.pretty_generate(b.json["paragraph"]["rich_text"][3])
{
  "type": "mention",
  "mention": {
    "type": "date",
    "date": {
      "start": "2022-01-01",
      "end": null,
      "time_zone": null
    }
  },
  (中略)
  "plain_text": "2022-01-01",
  "href": null
}=> nil
```

4番目の要素はLink preview mentionsです。 `"link_preview"` キーオブジェクトは、File objectなどと同様に `"url"` キー値のみを持つLink objectです。

```
print JSON.pretty_generate(b.json["paragraph"]["rich_text"][4])
{
  "type": "mention",
  "mention": {
    "type": "link_preview",
    "link_preview": {
      "url": "https://github.com/hkob/notion_ruby_mapping/issues"
    }
  },
  (中略)
  "plain_text": "https://github.com/hkob/notion_ruby_mapping/issues",
  "href": "https://github.com/hkob/notion_ruby_mapping/issues"
}=> nil
```

5番目から7番目の要素はそれぞれ、@today 、@now 、@me で作成したものです。中身を見ると単に2つのDate objectとUser objectになっています。Notion APIでもこれらに相当するTemplate objectが用意されています。これは作成時や更新時にのみ利用され、内部でDate objectやUser objectに変換されます。ここでは、NotionRubyMappingで作成したTemplate objectの構成を掲載しておきます。それぞれ、`"template_mention_date"` または `"template_mention_user"` の `"type"` が設定されていることがわかります。

```
# @today または @今日
print JSON.pretty_generate(
  MentionObject.new("template_mention" => "today").property_values_json)
{
  "type": "mention",
  "mention": {
    "type": "template_mention",
    "template_mention": {
      "type": "template_mention_date",
      "template_mention_date": "today"
    }
  },
  "plain_text": "@Today",
  "href": null
}=> nil

# @now または @今
print JSON.pretty_generate(
  MentionObject.new("template_mention" => "now").property_values_json)
{
  "type": "mention",
  "mention": {
    "type": "template_mention",
    "template_mention": {
      "type": "template_mention_date",
      "template_mention_date": "now"
    }
  },
  "plain_text": "@Now",
  "href": null
}=> nil

# @me
print JSON.pretty_generate(
  MentionObject.new("template_mention" => "me").property_values_json)
{
  "type": "mention",
  "mention": {
    "type": "template_mention",
    "template_mention": {
      "type": "template_mention_user",
      "template_mention_user": "me"
    }
```

```
  },
  "plain_text": "@Me",
  "href": null
}=> nil
```

▐ Comment object

Comment objectは比較的最近APIに追加されたオブジェクトです。テンプレートにコメントを追加したブロックを用意したので、このブロックからコメントを取得しましょう。

NotionRubyMappingでは、ユーザーの利便性を考えて時間順に返却されてくるコメント一覧を、`"discussion_id"`ごとにDiscussionThreadという単位でまとめています。このDicussionThreadにはスレッドごとのコメントが格納されています。手順が多いですが、順にたどっていくとComment objectが取得できます。テンプレートページComment objectはかなり複雑なオブジェクトで、内部にこれまで紹介したParent object、User object、Rich text objectの配列を含んでいます。

```
# block を取得
b = Block.find "コピーしたリンクをここに貼り付け"
=> NotionRubyMapping::ParagraphBlock-7ac659ae168247b8b1bd29a51ec55aae


# DiscussionThread object を取得
dt = b.comments.values.first
=>
#<NotionRubyMapping::DiscussionThread:0x00000001056596a8
...


# DiscussionThread object の最初のコメントを取得
comment = dt.comments.first
=>
#<NotionRubyMapping::CommentObject:0x00000001056598b0
...


# Comment object を表示
print JSON.pretty_generate(comment.json)
{
  "object": "comment",
  "id": "35c82122-64bc-4871-8568-de75e2aefaab",
  "parent": {
    "type": "block_id",
    "block_id": "b80cb4c0-d6b6-4a1d-86df-2da7d311955d"
  },
  "discussion_id": "5636e5d4-839d-4cdc-9437-cdbd18c9bf35",
```

```
  "created_time": "2022-10-31T00:18:00.000Z",
  "last_edited_time": "2022-10-31T00:18:00.000Z",
  "created_by": {
    "object": "user",
    "id": "2200a911-6a96-44bb-bd38-6bfb1e01b9f6"
  },
  "rich_text": [
    {
      "type": "text",
      "text": {
        "content": "テストコメント",
        "link": null
      },
      "annotations": {
        "bold": false,
        "italic": false,
        "strikethrough": false,
        "underline": false,
        "code": false,
        "color": "default"
      },
      "plain_text": "テストコメント",
      "href": null
    }
  ]
}=> nil
```

　次節以降で紹介するさまざまなobjectもこのような複雑な構成を持っています。これらをすべて展開した状態で説明することは困難であるため、これまでに紹介したobjectについては、次のような省略した形で表記します。

- 単体のobject → {XXX object(補足情報)}
- 複数のオブジェクトの配列 → [XXX object 配列(補足情報)]

　上記の Comment objectの場合は次のような省略表記になります。ご了承ください。

```
{
  "object": "comment",
  "id": "8fefba16-1939-4d1e-8338-fb473093b412",
  "parent": {Parent object(page_id)},
  "discussion_id": "7e30e20f-ad59-4ebc-a3c2-c95318d82e6a",
  "created_time": "2022-09-26T08:58:00.000Z",
  "last_edited_time": "2022-09-26T08:58:00.000Z",
  "created_by": {User object(idのみ)},
  "rich_text": [Rich text object 配列(テストコメント)]
}
```

ブロック要素

　この節ではNotionで最も重要なブロック要素を説明していきます。また、ブロック要素ではないのですが、ブロック要素の集合体であるList objectについても説明しておきます。

||| ブロック要素の分類

　ブロック要素には、ページ、データベース、ブロックの3つの要素があります。Notion APIでは、それぞれの要素をPage object、Database objectおよびBlock objectというJSONデータで表現します。下図はNotionのあるワークスペースにおけるブロック要素の関係を示したものです。ワークスペースの下には複数のページまたはデータベースを置くことができます。データベースは中にたくさんの子供のページを持つことができます。また、ページの下には多数のブロックを置けるだけでなく、逆にデータベースを置くこともできます。さらにブロックは別のブロックを子供として持つこともできます。Notion はこのような形で階層構造を持っています。

●ブロック要素の関係

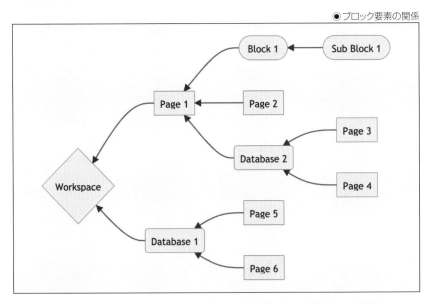

　この階層構造は、すべてのブロックは単一の親を持つという構造で実現されています。図中の矢印はブロック同士の親子関係を示しており、すべて子から親に向けて矢が向いています。この仕組みは、前節で説明したParent objectをJSONオブジェクトが内包する形で実現しています。なお、Notionの中にはビューの概念もありますが、今のところNotion APIではビューがサポートされていないので、ここでは割愛します。

このように親は一意に決められますが、逆に同じ親を持つ子は多数存在することになります。Notion APIでこれらの複数の要素を取得する場合、List objectというJSONオブジェクトが返ってきます。本書ではList objectもブロック要素の1つとして、本節で説明します。

▐▐ Page object

最初に説明するブロック要素はページです。Notionのページは単体のページとデータベースの配下にあるページの2つに大別できます。順番に解説しましょう。

▶ 単体ページ

ここでは、前者の単体ページの例としてテンプレートに置かれている単体ページサンプルのページを取得し、内容を確認してみます。

そのために、まずこのページのリンクを取得しましょう。Notionアプリの場合にはCmd-L（macOS）、Ctrl-L（Windows）をタイプすることでページのURLがコピーできます。一方、ブラウザでNotionを使っている人は、ブラウザに表示されているURLをそのままコピーすればよいです。

筆者の環境では次のようなURLになりました。

```
https://www.notion.so/hkob/3875908be34e485780fa0c716e15071d
```

NotionRubyMappingでは **Page.find "ページURL"** としてRubyのPageオブジェクトを取得できます。そこから、前節で実施したように内部のPage objectを確認してみましょう。

```
page = Page.find "コピーしたリンクをここに貼り付け"
=> NotionRubyMapping::Page-3875908be34e485780fa0c716e15071d

print JSON.pretty_generate(page.json)
{
  "object": "page",  ──────❶
  "id": "3875908b-e34e-4857-80fa-0c716e15071d",  ──────❷
  "created_time": "2022-12-29T05:36:00.000Z",
  "last_edited_time": "2022-12-29T05:41:00.000Z",  ──❸
  "created_by": {
    "object": "user",
    "id": "2200a911-6a96-44bb-bd38-6bfb1e01b9f6"
  },
  "last_edited_by": {                              ──❹
    "object": "user",
    "id": "2200a911-6a96-44bb-bd38-6bfb1e01b9f6"
  },
```

```
      "cover": null, ─────────── ❺
      "icon": {
        "type": "emoji",
        "emoji": "[1]"              ─────── ❻
      },
      "parent": {
        "type": "page_id",
        "page_id": "2ad34ec4-c23c-4b14-9ef1-72904d63a6e2"       ❼
      },
      "archived": false, ─────────── ❽
      "properties": {
        "title": {
          "id": "title",
          "type": "title",
          "title": [
            {
              "type": "text",
              "text": {
                "content": "単体ページサンプル",
                "link": null
              },
              "annotations": {
                "bold": false,
                "italic": false,
                "strikethrough": false,
                "underline": false,                      ❾
                "code": false,
                "color": "default"
              },
              "plain_text": "単体ページサンプル",
              "href": null
            }
          ]
        }
      },
      "url": "https://www.notion.so/3875908be34e485780fa0c716e15071d" ──── ❿
    }=> nil
```

Page objectを各行ごとに簡単に説明します。

❶ 「"object"」キー値には「"page"」が格納されます。

❷ 「"id"」キー値にはページのIDが格納されます。前述のページURLの末尾の文字列と「id」が「-」
記号を除いて一致していることが確認できます。

❸ 「"created_time"」キー値にはページ作成時刻、「"lated_edited_time"」キー値にはページ更新時刻が格納されます。時刻の値はISO 8601形式の文字列で表記されます。Notion APIからの返り値は常に末尾が「Z」となっており、時刻が協定世界時(UTC)であることを示しています。

❹ 「"created_by"」キーオブジェクトにはページ作成者、「"lated_edited_time"」キーオブジェクトにはページ更新者が格納されます。どちらもUser objectですが、「"id"」キー値のみが格納されています。

❺ 今回のページはカバー画像を設定していないので、「null」になっています。設定している場合にはFile objectが格納されます。

❻ 「"icon"」キーオブジェクトにはページアイコンが格納されます。対応するオブジェクトはEmoji objectまたはFile objectとなります。

❼ 「"parent"」キーオブジェクトにはページの親が格納されます。対応するオブジェクトはParent objectになります。

❽ 「"archived"」キー値にはページがアーカイブ(削除)されているのかどうかがブール値(trueまたはfalse)として格納されています。

❾ 「"properties"」キー配列には、複数のページプロパティが格納されます。データベースに所属しないページでも、「"title"」プロパティだけは必ず存在します。プロパティには複数の表現形式がありますが、これはプロパティの値を表現するProperty item objectという形式になります。プロパティの詳細については次節で説明するので、ここでは省略します。

❿ 「"url"」キー値にはこのページのURLが格納されます。

▶ データベースに所属するページ

　データベースに所属しているページも同じように確認してみましょう。テンプレートにデータベース内の「最初のページ」へのメンションを用意しました。このページを開き、先ほどと同様にリンクを取得し、Page objectを確認します。ここでは先ほどのページと異なる部分だけ抽出してみました。

```
page = Page.find "コピーしたリンクをここに貼り付け"
=> NotionRubyMapping::Page-d7dbdd6684eb4f56b2a02e22beef15a2
        "id": "eda78983-0fde-413c-a2cd-9386ceb29da1",
print JSON.pretty_generate(page.json)
{
 （中略）
 "parent": {
   "type": "database_id",
   "database_id": "0e606e93-9784-4e4a-ac29-480f46dc8c82"
 },
 （中略）
 "properties": {
   "タグ": {
     "id": "mkN%5D",
```

```
        "type": "select",
        "select": {
            "id": "eda78983-0fde-413c-a2cd-9386ceb29da1",
            "name": "タグ1",
            "color": "pink"
        }
    },
    "名前": {
        "id": "title",
        "type": "title",
        "title": [
        （中略）
        ]
    }
},
（中略）
}=> nil
```
❷

こちらも行ごとに説明します。

❶ Parent objectの「"type"」が「"database_id"」となっており、「"database_id"」キー値に親と
なるデータベースの ID が格納されています。

❷ 「"properties"」キー配列の中に、「"title"」以外のプロパティとして、「"select"」プロパティが格
納されています。

　基本的には、Parent objectの参照先と、**"title"** 以外のプロパティ要素があるか
どうかだけの違いです。

III Database object

　次に説明するブロック要素はデータベースです。ページと同様にURLから取得しても
いいですが、今取得したページの親として取得することもできます。

```
# ページの親であるデータベースを取得
db = page.parent
=> NotionRubyMapping::Database-0e606e9397844e4aac29480f46dc8c82
```

　データベースについても中身のDatabase objectを確認してみます。ただし、紙面の
都合上、Page objectと共通なものについては省略しています。

```
print JSON.pretty_generate(db.json)
=> {
  "object": "database",
  "id": "0e606e93-9784-4e4a-ac29-480f46dc8c82", ─── ❶
```

```
(中略: "cover", "icon", "created_time", "created_by",
"last_edited_by", "last_edited_time"までは Page と共通)
"title": [
   {
     "type": "text",
     (中略)
     "plain_text": "サンプルデータベース",
   }
],
"description": [

],
"is_inline": false,
"properties": {
   "タグ": {
     "id": "mkN%5D",
     "name": "タグ",
     "type": "select",
     "select": {
       "options": [
         {
           "id": "eda78983-0fde-413c-a2cd-9386ceb29da1",
           "name": "タグ1",
           "color": "pink"
         },
         {
           "id": "f3d8b94c-2108-4d76-9c47-a6ada9315175",
           "name": "タグ2",
           "color": "green"
         }
       ]
     }
   },
   "名前": {
     "id": "title",
     "name": "名前",
     "type": "title",
     "title": {
     }
   }
},
(中略: "parent", "url", "archived" は Page と共通)
}=> nil
```

② ③ ❶ ❺

各行ごとに簡単に説明します。

❶ 今回は「parent」で取得しましたが、データベースもURLでアクセスできます。今回のページ URLは次のようになっていました。ページと同様にアンダーラインの部分に4行目のidと同じ ものが含まれています。idより後ろの「?v=」の部分はビューのidになりますが、現在、Notion APIではビューに関するサポートはありません。

```
https://www.notion.so/hkob/0e606e9397844e4aac29480f46dc8c82?v=53a6075ece724
e3e9a5e5617e28009f6
```

❷ 「"title"」キー配列には、データベースのタイトルが格納されます。中身はRich text object の配列です。

❸ 「"description"」キー配列には、データベースの説明が格納されます。こちらも中身はRich text objectの配列です。

❹ 「"is_inline"」キー値には、データベースがインラインかどうかがブーリアン（trueまたはfalse） で格納されます。このデータベースはフルページなので、falseになっています。

❺ ページと同様にプロパティが入ります。ただし、こちらはプロパティの値ではなく、プロパティの 型を定義するProperty objectという表現形式になります。これについても次節で説明します。

▌▌▌ Block object

次に説明するブロック要素はその名の通りのブロックです。テンプレートに型の異なるブロックを大量に設置した「ブロック一覧」というページを用意したので、このページを取得しましょう。設置されたブロックはページの子要素に相当するので、`children.to_a` としてRubyのブロックオブジェクトの配列を取得します。配列の要素数は30個あるので、それぞれ簡単に紹介します。

```
# ブロック設置ページを取得
page = Page.find "コピーしたリンクをここに貼り付け"
=> NotionRubyMapping::Page-be077324015d43a197dcf6be4781a39c

# ページの子要素であるブロックの配列を取得
blocks = page.children.to_a
=>
[NotionRubyMapping::BookmarkBlock-62592a40e69f448aa4a80be486945c8b,
...

blocks.count
=> 30
```

▶ Bookmark block object

　最初の要素（blocksの0番目の要素）はブックマークブロックです。英語でもそのまま Bookmark blockです。ここではGoogleへのリンクがブックマークされています。この要素のBlock JSONを確認してみます。ここでもPageと共通部分は省略しています。

●Bookmark block

```
www.google.com
https://www.google.com
```
Google

```
print JSON.pretty_generate(blocks[0].json)
{
  "object": "block",
  "id": "62592a40-e69f-448a-a4a8-0be486945c8b",  ──────❶
  ("parent", "created_time", "last_edited_time",
  "created_by", "last_edited_by" は Page と共通)
  "has_children": false,  ──────❷
  "archived": false,
  "type": "bookmark",  ──────❸
  "bookmark": {
    "caption": [
      {
        "type": "text",
        (中略)
        "plain_text": "Google",  ──────❺
        (中略)
      }
    ],  ──────❹
    "url": "https://www.google.com"  ──────❻
  }
}=> nil
```

　各行ごとに簡単に説明します。

❶ このブロックのURLを取得した場合、次のような形になります。ここに表示されているブロックのIDはURLの「#」の後ろの部分に含まれています。

```
https://www.notion.so/hkob/be077324015d43a197dcf6be4781a39c#62592a40e69f44
8aa4a80be486945c8b
```

❷ 「"has_children"」キー値には、ブロックが子要素を持つかどうかがブール値（trueまたはfalse）で格納されます。Bookmark blockは子要素を持てないので、falseになっています。

❸ 「"type"」キー値には、ブロックのタイプが入ります。これはBookmark blockなので、「"book mark"」という文字列が格納されています。

❹ 上記の「"type"」に対応した「"bookmark"」キーオブジェクトが格納されます。このオブジェクトの中身は❺と❻の通りです。

❺ 「"caption"」キー配列は、Rich text objectの配列になります。ここではGoogleという文字だけが書かれていたので、1つのText objectだけが格納されていましたが、装飾などが複雑に含まれた文字列の場合には複数のRich text objectが格納されます。今後、テキストが含まれるブロックにはRich text object配列が同じような形式で格納されます。誌面の都合上、ここからは「[Rich text object 配列(文字列)]」と省略します。

❻ 「"url"」キー値は、ブックマークのURLが格納されます。

以降、Block JSONの形はほぼ同じなので、ここからは **"type"** キー値と対応したキーオブジェクトのみ説明します。また、キーオブジェクトの構成がほとんど同じものも存在するので、それらは短めに説明します。

▶Breadcrumb block object

1番目の要素は階層リンクブロックです。英語ではBreadcrumb block（Breadcrumbはパンくずリストのこと）と呼びます。 **"breadcrumb"** キーオブジェクトは補足情報が存在しないので、空オブジェクトになっています。

●Breadcrumb block

📖 Notion AP... / ... / 📕 Notion API 書籍用テ... / 2️⃣ 2章 データ構造確認... / ブロック...

```
print JSON.pretty_generate(blocks[1].json)
{
 （中略）
  "type": "breadcrumb",
  "breadcrumb": {
  }
}=> nil
```

▶Bulleted list item block object

2番目の要素は箇条書きリストブロックです。英語ではBulleted list item blockと呼びます。 **"bulleted_list_item"** キーオブジェクトには **"rich_text"** キー配列と **"color"** キー値が存在します。これらにはそれぞれ、Rich text object配列と色文字列が格納されます。この組み合わせは他のブロックでも多用されるので、この後の説明は省略します。また、この箇条書きリストには子要素が設定されているので、 **"has_children"** キー値が **true** になっています。

- 箇条書きリスト
  箇条書きリストの子要素

```
print JSON.pretty_generate(blocks[2].json)
{
  （中略）
  "has_children": true,
  "archived": false,
  "type": "bulleted_list_item",
  "bulleted_list_item": {
    "rich_text": [Rich text object 配列(箇条書きリスト)],
    "color": "gray"
  }
}=> nil
```

▶ Callout block object

3番目の要素はコールアウトブロックです。英語でもそのままCallout blockです。"callout" キーオブジェクトには、先ほどと同じ "rich_text" キー配列と "color" キー値の他に "icon" キーオブジェクトが存在します。前節で説明したように、このオブジェクトにはFile objectまたはEmoji objectが格納されます。

●Callout block

✓ 絵文字コールアウト
  コールアウトの子要素

```
print JSON.pretty_generate(blocks[3].json)
{
  "type": "callout",
  "callout": {
    "rich_text": [Rich text object配列(絵文字コールアウト)],
    "icon": {
      "type": "emoji",
      "emoji": "✓"
    },
    "color": "brown"
  }
}=> nil
```

▶Code block object

4番目の要素はコードブロックです。英語でもそのままCode blockです。**"code"** キーオブジェクトには、**"rich_text"** キー配列と **"caption"** キー配列があり、どちらもRich text object配列が格納されます。**"language"** には利用している言語が格納されます。

●Code block

```
  % ls -l
```
List files

```
print JSON.pretty_generate(blocks[4].json)
{
  （中略）
  "has_children": false,
  （中略）
  "type": "code",
  "code": {
    "caption": [Rich text object 配列(List files)],
    "rich_text": [Rich text object 配列(% ls -l)],
    "language": "shell"
  }
}=> nil
```

COLUMN	"language"について

言語として利用可能なものは日々増えています。現在、**"language"** として選択できるものは次の通りです。

- "abap"
- "arduino"
- "bash"
- "basic"
- "c"
- "clojure"
- "coffeescript"
- "c++"
- "c#"
- "css"
- "dart"
- "diff"
- "docker"
- "elixir"
- "elm"
- "erlang"
- "flow"
- "fortran"
- "f#"
- "gherkin"
- "glsl"
- "go"
- "graphql"
- "groovy"
- "haskell"
- "html"
- "java"
- "javascript"
- "json"
- "julia"
- "kotlin"
- "latex"
- "less"
- "lisp"
- "livescript"
- "lua"
- "makefile"
- "markdown"
- "markup"
- "matlab"
- "mermaid"
- "nix"
- "objective-c"
- "ocaml"
- "pascal"
- "perl"
- "php"
- "plain text"

02 Notion APIで理解するNotionのデータ構造

- "powershell"
- "prolog"
- "protobuf"
- "python"
- "r"
- "reason"
- "ruby"
- "rust"
- "sass"
- "scala"
- "scheme"
- "scss"
- "shell"
- "sql"
- "swift"
- "typescript"
- "vb.net"
- "verilog"
- "vhdl"
- "visual basic"
- "webassembly"
- "xml"
- "yaml"
- "java/c/c++/c#"

最新情報については下記のURLで確認してください。
- Start building with the Notion API
  URL https://developers.notion.com/reference/block#code

▶Column list block object／Column block object

5番目の要素は列リストブロックです。英語ではColumn list blockと呼びます。テンプレートではコールアウトブロックを2つ横に並べてみました。JSONを確認してみると、**"column_list"** キーオブジェクト自体は何の情報を持っていません。

◉Column list block

☑ Emoji callout	Url callout

```
print JSON.pretty_generate(blocks[5].json)
{
  (中略)
  "has_children": true,
  (中略)
  "type": "column_list",
  "column_list": {
  }
}=> nil
```

次にColumn listブロックの最初の子要素のJSONを表示してみます。JSONを確認すると、このブロックはColumn blockであることがわかります。この **"column"** キーオブジェクトも情報はなく、子要素のみを持っています。

```
print JSON.pretty_generate(blocks[5].children.first.json)
{
  (中略)
  "has_children": true,
  (中略)
  "type": "column",
```

```
  "column": {
  }
}=> nil
```

さらにColumn blockの子要素を確認すると、ここにCallout blockが入っていました。

```
print JSON.pretty_generate(blocks[5].children.first.children.first.json)
{
 （中略）
 "type": "callout",
 "callout": {Callout block (Emoji callout)}
}=> nil
```

これらの関係は次のように図示できます。Column list blockの中には、個々の列を示すColumn blockのみが複数格納可能です。さらにColumn blockの中には任意のブロックが複数格納可能になります。

●Column list block／Column blockの関係

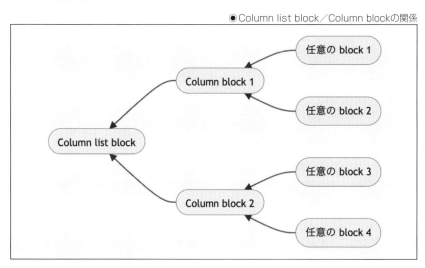

▶Divider block object

6番目の要素は区切り線ブロックです。英語ではDivider blockと呼びます。これも情報はなく、空のオブジェクトのみが格納されています。

●Divider block

```
print JSON.pretty_generate(blocks[6].json)
{
 （中略）
  "type": "divider",
  "divider": {
  }
}=> nil
```

▶ Embed block object

7番目の要素は埋め込みブロックです。英語ではEmbed blockと呼びます。 **"embed"** キーオブジェクトの内容は、先に示したBookmark blockと同じ構成となっています。

◉Embed block

NotionRubyMapping開発記録(21)

```
print JSON.pretty_generate(blocks[7].json)
{
 （中略）
  "type": "embed",
  "embed": {
    "caption": [Rich text object 配列(NotionRubyMapping開発記録(21))],
    "url": "https://twitter.com/hkob/status/1507972453095833601"
  }
}=> nil
```

▶ Equation block object

8番目の要素は数式ブロックです。英語ではEquation blockと呼びます。**"equation"** キーオブジェクトはLaTeX表記の数式である **"expression"** キー値のみを持っています。

● Equation block

$$x = \frac{-b \pm \sqrt{b^2 - 4ac}}{2a}$$

```
print JSON.pretty_generate(blocks[8].json)
{
  （中略）
  "type": "equation",
  "equation": {
    "expression": "x = \\frac{-b\\pm\\sqrt{b^2-4ac}}{2a}"
  }
}=> nil
```

▶ File block object

9番目の要素はファイルブロックです。英語でもそのままFile blockです。**"file"** キーオブジェクトは中身にFile objectが含まれています。ただし、**"caption"** キー配列としてキャプション文字列が追加で格納されています。

● File block

🔼 mac-os.png

macOS icon

```
print JSON.pretty_generate(blocks[9].json)
{
  （中略）
  "type": "file",
  "file": {
    "caption": [Rich text object 配列(macOS icon)],
    "type": "external",
    "external": {
      "url": "https://img.icons8.com/ios-filled/250/000000/mac-os.png"
    }
  }
}=> nil
```

▶Heading block object

　10番目、11番目、12番目の要素は見出しブロックです。英語ではHeading blockと呼びます。見出しは1から3までありますが、キーの値が異なるだけなので一括で説明します。見出しのキーはそれぞれ **"heading_1"**、**"heading_2"**、**"heading_3"** となります。対応するキーオブジェクトは、いつもの **"rich_text"** キー配列と **"color"** キー値に加え、**"is_toggleable"** キー値が追加されています。これらはトリガー見出しではないので、この値は **false** になっています。

◉Heading block

見出し1

見出し2

見出し3

```
print JSON.pretty_generate(blocks[10].json)
{
  （中略）
  "type": "heading_1",
  "heading_1": {
    "rich_text": [Rich text object 配列(見出し1)],
    "is_toggleable": false,
    "color": "orange_background"
  }
}=> nil

print JSON.pretty_generate(blocks[11].json)
{
  （中略）
  "type": "heading_2",
  "heading_2": {
    "rich_text": [Rich text object 配列(見出し2)],
    "is_toggleable": false,
    "color": "blue_background"
  }
}=> nil

print JSON.pretty_generate(blocks[12].json)
{
  （中略）
  "type": "heading_3",
```

```
  "heading_3": {
    "rich_text": [Rich text object 配列(見出し3)],
    "is_toggleable": false,
    "color": "gray_background"
  }
}=> nil
```

▶ Image block object

13番目の要素はイメージブロックです。英語でもそのままImage blockです。`"image"` キーオブジェクトは、先に示したFile blockと同じ構成となっています。

●Image block

Notion logo

```
print JSON.pretty_generate(blocks[13].json)
{
  (中略)
  "type": "image",
  "image": {
    "caption": [Rich text object 配列(Notion logo)],
    "type": "external",
    "external": {
      "url": "https://cdn.worldvectorlogo.com/logos/notion-logo-1.svg"
    }
  }
}=> nil
```

▶ Link to page block object

14番目、15番目の要素はページリンクブロックです。英語ではLink to page blockと呼びます。ページと書かれていますが、データベースもリンクできます。そのため、テンプレートにはページリンクとデータベースリンクの2つを用意してあります。`"link_to_page"` キーオブジェクトは、それらに対応するように、`"page_id"` か `"database_id"` キー値を持っていることがわかります。

●Link to page block

📑 ブロック一覧
📑 サンプルデータベース

```
print JSON.pretty_generate(blocks[14].json)
{
  （中略）
  "type": "link_to_page",
  "link_to_page": {
    "type": "page_id",
    "page_id": "be077324-015d-43a1-97dc-f6be4781a39c"
  }
}=> nil


print JSON.pretty_generate(blocks[15].json)
{
  （中略）
  "type": "link_to_page",
  "link_to_page": {
    "type": "database_id",
    "database_id": "0e606e93-9784-4e4a-ac29-480f46dc8c82"
  }
}=> nil
```

▶ Numbered list item block object

16番目の要素は番号付きリストブロックです。英語ではNumbered list item blockと呼びます。 **"numbered_list_item"** キーオブジェクトは、先に示したBulleted list itemと同じ構成になっています。

●Numbered list item block

1. 番号付きリスト
   番号付きリストの子要素

```
print JSON.pretty_generate(blocks[16].json)
{
  （中略）
  "type": "numbered_list_item",
  "numbered_list_item": {
    "rich_text": [Rich text object 配列（番号付きリスト）],
    "color": "orange"
  }
}=> nil
```

▶Paragraph block object

17番目の要素はテキストブロックです。英語ではParagraph blockと呼びます。**"paragraph"** キーオブジェクトは、先に示したBulleted list item blockと同じ構成になっています。

● Paragraph block

> パラグラフ
>
>   パラグラフの子要素

```
print JSON.pretty_generate(blocks[17].json)
{
  （中略）
  "type": "paragraph",
  "paragraph": {
    "rich_text": [Rich text object 配列(パラグラフ)],
    "color": "yellow"
  }
}=> nil
```

▶PDF block object

18番目の要素はPDFブロックです。英語でもそのままPDF blockです。**"pdf"** キーオブジェクトは、先に示したFile blockと同じ構成になっています。

● PDF block

Sample PDF

```
print JSON.pretty_generate(blocks[18].json)
{
  "type": "pdf",
  "pdf": {
    "caption": [Rich text object 配列(PDF block)],
    "type": "external",
    "external": {
      "url": "(中略: PDF ファイルの URL)"
    }
  }
}=> nil
```

▶ Quote block object

19番目の要素は引用ブロックです。英語ではQuote blockと呼びます。 **"quote"** キーオブジェクトは、先に示したBulleted list item blockと同じ構成になっています。

● Quote block object

引用
引用の子要素

```
print JSON.pretty_generate(blocks[19].json)
{
  "type": "quote",
  "quote": {
    "rich_text": [Rich text object 配列(Quote block)],
    "color": "purple"
  }
}=> nil
```

▶ Synced block object

20番目、21番目の要素は同期ブロックです。前者がオリジナルの同期ブロックで、後者がコピーした同期ブロックです。英語ではSynced blockと呼びます。 **"synced_block"** キーオブジェクトの **"synced_from"** キー値には、同期先のブロックのIDが格納されます。ただし、オリジナルは参照先がないので、**null** になります。このため、20番目のオリジナルのSynced blockは **null** なのに対し、21番目のコピーのSynced blockは **"block_id"** キー値として20番目のSynced blockのIDが格納されています。

● Synced block

同期ブロック
同期ブロック

69

```
print JSON.pretty_generate(blocks[20].json)
{
  "object": "block",
  "id": "66b925a1-eaf2-4e97-92c0-506530520aac",
  （中略）
  "has_children": true,
  （中略）
  "type": "synced_block",
  "synced_block": {
    "synced_from": null
  }
}=> nil

print JSON.pretty_generate(blocks[21].json)
{
  （中略）
  "type": "synced_block",
  "synced_block": {
    "synced_from": {
      "type": "block_id",
      "block_id": "66b925a1-eaf2-4e97-92c0-506530520aac"
    }
  }
}=> nil
```

▶ Table block object／Table row block object

22番目の要素はテーブルブロックです。英語でもそのままTable blockと呼びます。サンプルで用意したテーブルは2行3列であり、列見出しと行見出しがどちらも設定されています。JSONを確認してみると、**"table"** キーオブジェクトには、**"table_width"**、**"has_column_header"** および **"has_row_header"** の3つのキー値が存在します。これらはそれぞれ、テーブルの幅（列数）、列見出しが存在するか、行見出しが存在するかを示しています。テーブルの内容については子要素に格納されています。

●Table block

デバイス	OS
MacBook Pro	macOS
iPhone	iOS

```
print JSON.pretty_generate(blocks[22].json)
{
  (中略)
  "has_children": true,
  (中略)
  "type": "table",
  "table": {
    "table_width": 2,
    "has_column_header": true,
    "has_row_header": true
  }
}=> nil
```

Table blockの子要素の最初の要素(0行目)を確認してみます。JSONを確認するとこれはTable row blockであることがわかります。構成が複雑なので、関係性を次ページで図示しておきます。まず、Table blockは複数のTable row blockを持ちます。さらに **"table_row"** キーオブジェクトには、**"cells"** キー配列が含まれています。**"cells"** キー配列の中身は、Rich text object配列が **"table_width"** の数だけ並んでいます。

```
print JSON.pretty_generate(blocks[22].children.first.json)
{
  (中略)
  "has_children": false,
  "archived": false,
  "type": "table_row",
  "table_row": {
    "cells": [
      [Rich text object 配列(デバイス)],
      [Rich text object 配列(OS)]
    ]
  }
}=> nil
```

●Table block／Table row block／Cellの関係

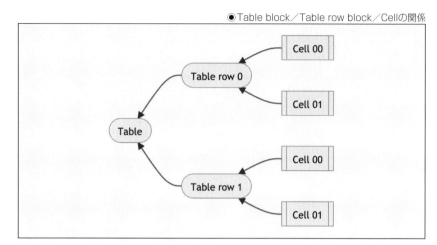

▶Table of contents block object

23番目の要素は目次ブロックです。英語ではTable of contents blockと呼びます。`"table_of_contents"` キーオブジェクトは、色情報である `"color"` キー値のみを持つだけです。

●Table of contents block

```
見出し1
    見出し2
        見出し3
トグル見出し1
    トグル見出し2
        トグル見出し3
```

```
print JSON.pretty_generate(blocks[23].json)
{
  (中略)
  "type": "table_of_contents",
  "table_of_contents": {
    "color": "gray"
  }
}=> nil
```

▶ Template block object

24番目の要素はテンプレートブロックです。英語でもそのままTemplate blockです。`"template"` キーオブジェクトは、テンプレートのタイトルを示す `"rich_text"` キーオブジェクトが存在します。具体的なテンプレートの中身は、子要素として格納されます（こちらのJSONの紹介は省略します）。

● Template block

```
+ 新規ToDoを追加する
```

```
print JSON.pretty_generate(blocks[24].json)
{
  (中略)
  "has_children": true,
  (中略)
  "type": "template",
  "template": {
    "rich_text": [Rich text object 配列(新規ToDoを追加する)]
  }
}=> nil
```

▶ Toggle block object

25番目の要素はトグルブロックです。英語でもそのままToggle blockと呼びます。`"toggle"` キーオブジェクトは、先に示したBulleted list itemと同じ構成になっています。トグルの中身は子要素として格納されます（こちらもJSONの紹介は省略します）。

● Toggle block

```
▼ トグル
    トグルの子要素
```

```
print JSON.pretty_generate(blocks[25].json)
{
  (中略)
  "has_children": true,
  (中略)
  "type": "toggle",
  "toggle": {
    "rich_text": [Rich text object 配列("トグル")],
    "color": "default"
  }
}=> nil
```

▶Toggle heading block object

26番目、27番目、28番目の要素はトグル見出しブロックです。Notionの内部では見出しと同じ扱いになっています。通常の見出しとの違いは、**"has_children"** が **true** になっており、子要素が含まれる点です。また、**"heading_X"** キーオブジェクトの中に **"is_toggleable"** キー値があり、これも **true** になっています。 **"toggle"** キーオブジェクトと同様に、トグルの中身は子要素として格納されます（こちらのJSONの紹介は省略します）。

●Toggle Heading block

▼ **トグル見出し1**
- トグル見出し1の子要素

▼ **トグル見出し2**
- トグル見出し2の子要素

▼ **トグル見出し3**
- トグル見出し3の子要素

```
print JSON.pretty_generate(blocks[26].json)
{
  （中略）
  "has_children": true,
  （中略）
  "type": "heading_1",
  "heading_1": {
    "rich_text": [Rich text object 配列(トグル見出し1)],
    "is_toggleable": true,
    "color": "orange_background"
  }
}=> nil

print JSON.pretty_generate(blocks[27].json)
{
  （中略）
  "has_children": true,
  （中略）
  "type": "heading_2",
  "heading_2": {
    "rich_text": [Rich text object 配列(トグル見出し2)],
    "is_toggleable": true,
    "color": "blue_background"
```

```
   }
}=> nil

print JSON.pretty_generate(blocks[28].json)
{
  (中略)
  "has_children": true,
  (中略)
  "type": "heading_3",
  "heading_3": {
    "rich_text": [Rich text object 配列(トグル見出し3)],
    "is_toggleable": true,
    "color": "purple_background"
  }
}=> nil
```

▶ Video block object

29番目の要素はビデオブロックです。英語でもそのままVideo blockです。 `"video"` キーオブジェクトは、先に示したFile blockと同じ構成となっています。

◉Video block

```
print JSON.pretty_generate(blocks[29].json)
{
  (中略)
  "type": "video",
  "video": {
    "caption": [Rich text object 配列(PDF block)],
```

```
    "type": "external",
    "external": {
      "url": "https://download.samplelib.com/mp4/sample-5s.mp4"
    }
  }
}=> nil
```

▶List object

　最後に紹介するブロック要素はリストです。先ほどはBlock要素を取得するために `children.to_a` としましたが、`"children"` だけにするとList objectが取得できます。

```
# ページの子要素をリストとして取得
list = page.children
=> NotionRubyMapping::List-
```

　List objectを確認すると次のようになります。`"result"` キー配列の中には、上記にあるブロックの全データが格納されています。このように `"results"` の中身は非常に大きくなるので、Notion APIではデフォルトで100件までのオブジェクトを取得するように制限されています。この例ではブロック要素が100件未満になっているので、さらに要素があるかどうかを示すフラグである `"has_more"` キー値が `false` になっています。もし、`"has_more"` が `true` の場合には、再検索するための位置を示す `"next_cursor"` キー値に値が入ります。この例では該当しないので、`null` 値が入っています。

```
list.json
{
  "object": "list",
  "results": [(中略: Bookmark block から Video block が並ぶ)],
  "next_cursor": null,
  "has_more": false,
  "type": "block",
  "block": {
  }
}=> nil
```

　せっかくなので、`"next_cursor"` の例も確認してみます。先ほど取得したデータベース（Rubyの `db` オブジェクト）に対して、取得上限を1にして検索してみます。結果は次のようになります。`"has_more"` キー値が `true` になっており、`"next_cursor"` キー値にカーソル位置が設定されていることがわかります。

```
# データベースから上限 1 で無条件検索
list2 = db.query_database(Query.new page_size: 1)
=> NotionRubyMapping::List-

print JSON.pretty_generate(list2.json)
{
  "object": "list",
  "results": [(中略: 1 件の Page block],
  "next_cursor": "d7dbdd66-84eb-4f56-b2a0-2e22beef15a2",
  "has_more": true,
  "type": "page",
  "page": {
  }
}=> nil
```

　このようにNotion APIでリストを扱うときにはPagination処理はアプリケーション側で対応する必要があります。すなわち、Listの **"has_more"** キー値が **true** だった場合には、再度、API呼び出しを行い、取得した追加分のデータをすでに取得済みのデータに追加する処理が必要となります。具体的なPaginationの処理方法は123ページで説明します。

COLUMN　**NotionRubyMappingでのPagination対応について**

　Paginationの処理は非常に面倒なので、NotionRubyMappingではRubyのListオブジェクトがすべて自動処理するようにしています。具体的には、ユーザーが101番目のデータを使おうとしたときに裏でNotion API呼び出しが行われます。結果として、ユーザーはPaginationが行われていることを意識しないで利用できます。

プロパティ要素

データベースにはさまざまな情報を格納するプロパティが用意されています。このプロパティはデータベースにおいて型が規定され、ページにおいてその値が設定されます。それぞれにおいて、表現するための書式と設定・更新するための書式が存在しています。また、検索のための書式もそれらとは別に存在しています。この節ではこれらをまとめて説明していきます。

▌▌▌ プロパティ要素の分類

前節にてPageとDatabaseのJSONオブジェクトを取得した際に、**"properties"** にプロパティに関する情報が格納されていました。同じ型のプロパティでもPageに格納されている情報とDatabaseに格納されている情報は異なっています。返却されるJSONオブジェクトは、Notion APIではそれぞれ次のように定義されています。

- データベースを取得したときのJSON オブジェクト(Property object)
  - **URL** https://developers.notion.com/reference/property-object
- ページを取得したときのJSONオブジェクト(Property item object)
  - **URL** https://developers.notion.com/reference/property-item-object

前者のProperty objectはプロパティのフォーマットを表現しており、後者のProperty item objectはプロパティの値を表現しております。

一方で、PageやDatabaseのプロパティ情報を更新する際のJSONオブジェクトも次のように定義されています。基本的には上記のJSONオブジェクトのサブセットになっています。

- データベースを設定するときのJSONオブジェクト(Property schema object)
  - **URL** https://developers.notion.com/reference/property-schema-object
- ページを追加・更新するときのJSONオブジェクト(Property value object)
  - **URL** https://developers.notion.com/reference/property-value-object

さらにプロパティはデータベースの検索のためにも用いられます。検索のための絞り込みのためのJSONオブジェクトとしてProperty filter objectが存在します。

- データベースを検索するためのJSON オブジェクト(Property filter object)
  - **URL** https://developers.notion.com/reference/post-database-query-filter

　これらのオブジェクトを確認するためにテンプレートにプロパティ確認用データベースを用意しました。このデータをもとにProperty objectおよびProperty item objectの内容を確認してみます。Property schema objectおよびProperty value objectはこれらのサブセットなので、形式のみ説明します。また、Property filter objectについては、NotionRubyMappingの機能を使って説明します。

◉用意したデータベース

データ1

☑ チェックボックス	✅
👤 作成者	😀 Hiroyuki KOBAYASHI
🕐 作成日時	2022年9月14日 午後 1:31
📅 日付	2022年1月1日
@ メール	test@example.com
🔗 ファイル&メディア	🅝
Σ 関数	2022年9月14日 午後 3:18
👤 最終更新者	😀 Hiroyuki KOBAYASHI
🕐 最終更新日時	2022年9月14日 午後 3:18
≡ マルチセレクト	マルチセレクト1　マルチセレクト2
👥 ユーザー	😀 Hiroyuki KOBAYASHI
# 数値	¥1,234
📞 電話	xx-xxxx-xxxx
↗ プロパティ確認用...	📄 データ2
≡ テキスト	未入力
🔍 ロールアップ	1
◯ セレクト	セレクト1
☀ ステータス	● Not started
🔗 URL	未入力

⬛ Property object／Property schema object

　これからプロパティ確認用データベースを用いて、Property objectを確認します。RubyのDatabaseオブジェクトからJSONを取得し、**properties** キーオブジェクトを確認します。この **properties** キーオブジェクトはこれから何度もアクセスするので、**dps** という変数に入れておきます。このキーオブジェクトは、プロパティの名前がキーとなり、対応する値がProperty objectとなっています。

```
# プロパティ確認用データベースを取得
db = Database.find "プロパティ確認用データベースの URL"
=> NotionRubyMapping::Database-7d16fe15159d40a6b6f8aab255c47e6f

# データベースプロパティが含まれた Ruby オブジェクト (Property object 確認用)
dps = db.json["properties"]
=>
{"日付"=>{"id"=>"BXMi", "name"=>"日付", "type"=>"date", "date"=>{}},
…
```

　dps の結果からわかるようにすべてのProperty objectは下記の構成を取ります。まず、プロパティ名をキーとするキーオブジェクトがあり、その中の **"type"** の部分がプロパティの型を示しています。さらに、そのプロパティ型名をキーに持つキーオブジェクトに設定が書かれます。

```
{
  "プロパティ名": {
    "id": "4文字のランダム文字列 または title",
    "name": "キーと同じプロパティ名",
    "type": "プロパティ型名",
    "プロパティ型名": {プロパティ設定のためのオブジェクト}
  }
}
```

　一方、プロパティの作成や更新に使うProperty schema objectはProperty objectのサブセットとなっており、作成や更新に必要な値のみを格納します。構成はほぼ同じなので、Property objectと一緒に説明します。

▶設定値がないプロパティ

　プロパティの設定が必要ないプロパティは多数あります。これらはまとめて説明してします。例としてチェックボックスプロパティを確認してみましょう。このプロパティのJSONを取得すると次のようになります。チェックボックスは設定する項目がないので、Property objectの **"checkbox"** キーオブジェクトは空オブジェクトになっています。

```
print JSON.pretty_generate(dps.slice "チェックボックス")
{
  "チェックボックス": {
    "id": "J%7DPw",
    "name": "チェックボックス",
    "type": "checkbox",
    "checkbox": {
    }
  }
}=> nil
```

Property schema objectは次のようになります。プロパティ作成時にはプロパティ名とプロパティの型の情報だけが必要なので、これだけの情報になります。

```
{
  "チェックボックス": {
    "checkbox": {}
  }
}
```

　設定値がないプロパティを次の表にまとめておきます。紙面では省略しますが、上記の2つの **print** 文のプロパティ名を書き換えて確認してみてください。なお、この中でステータスだけは設定値が存在するのですが、現在はまだAPIでは作成・更新することができないので、ここで紹介するだけにします。

●設定値が存在しないプロパティ一覧

プロパティ	プロパティの型
作成者	created_by
作成日時	created_time
日付	date
メール	email
ファイル&メディア	files
最終更新者	last_edited_by
最終更新日時	last_edited_time
ユーザー	people
電話	phone_number
テキスト	rich_text
ステータス	status
タイトル	title
URL	url

▶関数(formula)

ここからは、設定値が存在するものを順番に説明します。最初は関数です。関数の型は **"formula"** となります。 **"formula"** キーオブジェクトには、数式が **"expression"** キー値として格納されています。

```
print JSON.pretty_generate(dps.slice "関数")
{
  "関数": {
    "id": "ySbD",
    "name": "関数",
    "type": "formula",
    "formula": {
      "expression": "now()"
    }
  }
}=> nil
```

Property schema object は **"formula"** キーオブジェクトだけが格納されます。

```
{
  "関数": {
    "formula": {
      "expression": "now()"
    }
  }
}
```

▶セレクト(select)／マルチセレクト(multi_select)

セレクトとマルチセレクトのProperty objectは同じ形式になります。セレクトの型は **"select"** 、マルチセレクトの型は **"multi_select"** になります。ここではセレクトを例に説明します。 **"select"** キーオブジェクトには、 **"options"** というキー配列を持ちます。このキー配列は選択候補オブジェクトが複数格納されています。選択候補オブジェクトは、 **"id"** 、 **"name"** 、 **"color"** をキーに持ち、それぞれid、名称、色のキー値が格納されます。

```
print JSON.pretty_generate(dps.slice "セレクト")
{
  "セレクト": {
    "id": "RJ%3Bb",
    "name": "セレクト",
    "type": "select",
    "select": {
```

```
        "options": [
            {
                "id": "u:qu",
                "name": "セレクト1",
                "color": "pink"
            },
            {
                "id": "<ogP",
                "name": "セレクト2",
                "color": "brown"
            }
        ]
    }
 }
}=> nil
```

　プロパティを新規作成および追加更新するときには、選択候補オブジェクトにid情報は存在しません。例として、このプロパティに「セレクト3」を追加した場合のProperty schema objectを示します。このように作成時・更新時には **"id"** 情報なしでNotion APIに送ります。

```
{
  "セレクト": {
    "select": {
      "options": [
        {
          "id": "u:qu",
          "name": "セレクト1",
          "color": "pink"
        },
        {
          "id": "<ogP",
          "name": "セレクト2",
          "color": "brown"
        },
        {
          "name": "セレクト3",
          "color": "green"
        }
      ]
    }
  }
}
```

▶ 数値(number)

数値の型は **"number"** となります。 **"number"** キーオブジェクトには、数値のフォーマットが **"format"** キー値として格納されています。

```
print JSON.pretty_generate(dps.slice "数値")
{
  "数値": {
    "id": "DMKa",
    "name": "数値",
    "type": "number",
    "number": {
      "format": "yen"
    }
  }
}=> nil
```

Property schema objectは **"number"** キーオブジェクトだけが格納されます。

```
{
  "数値": {
    "number": {
      "format": "yen"
    }
  }
}
```

▶ リレーション(relation)

リレーションの型は **"relation"** となります。 **"relation"** キーオブジェクトには、関連するデータベースのIDが **"database_id"** キー値として格納されています。また、リレーションには片方向のリレーションと双方向のリレーションがあります。これを区別するために、**"relation"** キーオブジェクトの中に、**"single_property"** キーオブジェクトか **"dual_property"** キーオブジェクトが用意されるようになりました。どちらを使うかは **"relation"** キーオブジェクト内の **"type"** で指定します。前者は空のキーオブジェクトです。一方、後者は相手側のリレーションプロパティのIDおよび名称が、それぞれ **"synced_property_id"** と **"synced_property_name"** に格納されます。

```
print JSON.pretty_generate(dps.slice "片方向リレーション先")
{
  "片方向リレーション先": {
    "id": "dQd%7B",
    "name": "片方向リレーション先",
    "type": "relation",
```

```
      "relation": {
        "database_id": "d3b9103f-5b16-4bfe-ae33-a2079c6ab052",
        "type": "single_property",
        "single_property": {
        }
      }
    }
}=> nil
```

```
print JSON.pretty_generate(dps.slice "双方向リレーション先")
{
  "双方向リレーション先": {
    "id": "%7D0%3D%7D",
    "name": "双方向リレーション先",
    "type": "relation",
    "relation": {
      "database_id": "3905cd63-2ce6-474b-ba52-43c0cee68f84",
      "type": "dual_property",
      "dual_property": {
        "synced_property_name": "プロパティ確認用",
        "synced_property_id": "P%5Dde"
      }
    }
  }
}=> nil
```

　Property schema objectでは **"relation"** キーオブジェクトだけが格納されます。片方向、双方向のどちらの場合も **"database_id"** キー値が必要です。また、**"dual_property"** の場合、リレーション先にもプロパティが作成されます。ただし、この名前は synced_property_name で設定することはできず、相手側のデータベース側で名前を設定する必要があります。

```
{
  "片方向リレーション先": {
    "relation": {
      "database_id": "d3b9103f-5b16-4bfe-ae33-a2079c6ab052",
      "type": "single_property",
      "single_property": {}
    }
  }
}
```

```
{
  "双方向リレーション先": {
    "relation": {
      "database_id": "3905cd63-2ce6-474b-ba52-43c0cee68f84",
      "type": "dual_property",
      "dual_property": {}
    }
  }
}
```

▶ロールアップ(rollup)

ロールアップの型は **"rollup"** となります。**"rollup"** キーオブジェクトには、次の内容が含まれます。**"relation_property_id"** キー値および **"relation_property_name"** キー値には参照するリレーションプロパティのIDおよび名称が入ります。また、**"rollup_property_id"** キー値および **"rollup_property_name"** キー値にはリレーション先の参照するプロパティのIDおよび名称が入ります。最後に **"function"** には利用する関数が入ります。ここでは **"count"** となっているので、参照先の項目数が集計されます。

```
print JSON.pretty_generate(dps.slice "ロールアップ")
{
  "ロールアップ": {
    "id": "%5B%5B%3Dk",
    "name": "ロールアップ",
    "type": "rollup",
    "rollup": {
      "rollup_property_name": "名前",
      "relation_property_name": "双方向リレーション先",
      "rollup_property_id": "title",
      "relation_property_id": "}O=}",
      "function": "count"
    }
  }
}=> nil
```

"function" に利用可能な関数は種類が多いので、表にまとめておきます。表からわかるように、参照するリレーションプロパティの型によって利用する関数が異なります。また、集計関数の場合には数値または日付が返ってきますが、それ以外の場合には、配列が返されます。

●関数の種類

関数	日本語メニュー	対象の型	返り値の型
count_all	すべてカウント	すべての型	数値
count_values	値の数をカウント	すべての型	数値
count_unique_values	一意の値をカウント	数値・文字列・日付	数値
count_empty	未入力をカウント	数値・文字列・日付	数値
count_not_empty	未入力以外をカウント	数値・文字列・日付	数値
count_per_group	グループごとのカウント	ステータス	数値
percent_empty	未入力の割合	数値・文字列・日付	数値
percent_not_empty	未入力以外の割合	数値・文字列・日付	数値
percent_per_group	グループごとの割合	ステータス	数値
checked	チェックあり	ブール値	数値
unchecked	チェックなし	ブール値	数値
percent_checked	チェックありの割合	ブール値	数値
percent_unchecked	チェックなしの割合	ブール値	数値
sum	合計	数値	数値
average	平均	数値	数値
median	中央値	数値	数値
min	最小(数値)	数値	数値
max	最大(数値)	数値	数値
range	範囲(数値)	数値	数値
earliest_date	最も古い日付(日付)	日付	日付
latest_date	最も新しい日付(日付)	日付	日付
date_range	日付範囲(日付)	日付	日付範囲
show_original	オリジナルを表示する	すべての型	配列
show_unique	一意の値を表示する	すべての型	配列

Property schema objectは **"rollup"** キーオブジェクトだけが格納されます。**rollup _property** および **relation_property** については、idまたはnameのどちらかを指定する形になります。

```
{
  "ロールアップ": {
    "rollup": {
      "rollup_property_name": "名前",
      "relation_property_name": "双方向リレーション先",
      "function": "count"
    }
  }
}
```

```
{
  "ロールアップ": {
    "rollup": {
      "rollup_property_id": "title",
      "relation_property_id": "}O=}",
      "function": "count"
    }
  }
}
```

▌▌ Property item object／Property value object

このデータベースには2つのページが登録されています。このうち「データ1」ページを用いて、Property item objectを確認します。テンプレートには「データ1」ページへのメンションリンクを貼っておいたので、これをクリックしてページに飛んでください。開いたページのURLを利用してPage objectを取得します。**"properties"** キーオブジェクトはこれから何度もアクセスするので、**pps** という変数に入れておきます。

```
# プロパティ確認用データベースを取得
page = Page.find "データ 1 ページの URL"
=> NotionRubyMapping::Page-1771b75598ec478a98d3c64b1ae62846

# ページプロパティが含まれた Ruby オブジェクト (Property item object 確認用)
pps = page.json["properties"]
=>
{"日付"=>
...
```

ページプロパティは、読み込み専用のものと更新可能なものに大別できます。前者は更新できないので、Property value objectは存在しません。そのため、最初に読み込み専用のプロパティについて説明しましょう。なお、紙面の都合からすでに説明済みのobject（User object、Rich text objectなど）は、**{User object}** や **{Rich text object}** のように省略表記します。

▶ 作成者(created_by)／最終更新者(last_edited_by)

最初の読み込み専用のプロパティは、作成者および最終更新者です。作成者（ **created_by** ）、最終更新者（ **last_edited_by** ）は次のような構成になります。中身は単にUser objectです。

```
print JSON.pretty_generate(pps.slice "作成者")
{
  "作成者": {
    "id": "gggW",
    "type": "created_by",
    "created_by": {User object}
  }
}=> nil

print JSON.pretty_generate(pps.slice "最終更新者")
{
  "最終更新者": {
    "id": "uE%5CK",
    "type": "last_edited_by",
    "last_edited_by": {User object}
  }
}=> nil
```

▶ 作成日時(created_time)／最終更新日時(last_edited_time)

作成日時(**created_time**)、最終更新日時(**last_edited_time**)は次のような構成になります。中身は単にISO 8601形式のUTC時刻文字列です。

```
print JSON.pretty_generate(pps.slice "作成日時")
{
  "作成日時": {
    "id": "%5B%40CJ",
    "type": "created_time",
    "created_time": "2022-09-14T04:31:00.000Z"
  }
}=> nil

print JSON.pretty_generate(pps.slice "最終更新日時")
{
  "最終更新日時": {
    "id": "ZUX%7B",
    "type": "last_edited_time",
    "last_edited_time": "2022-09-15T12:13:00.000Z"
  }
}=> nil
```

▶関数(formula)

　関数(`formula`)は次のような構成になります。formulaの場合はProperty Object で設定した式によって、`"formula"` 内の `"type"` キー値が決まります。ここでは `"now()"` という日付に関する式が定義されていたので、`"type"` キー値は `"date"` になっています。`"date"` キーオブジェクトはDate mentionsの際に説明したDate object になっています。

```
print JSON.pretty_generate(pps.slice "関数")
{
  "関数": {
    "id": "ySbD",
    "type": "formula",
    "formula": {
      "type": "date",
      "date": {Date object}
    }
  }
}=> nil
```

▶ロールアップ(rollup)

　ロールアップ(`rollup`)は次のような構成になります。rollupの場合には、Property Objectで設定した関数(`function`)によって、`"rollup"` 内の `"type"` キー値が決まります。ここでは `"count"` という数値に関する関数が定義されていたので、`"type"` は `"number"` になっています。`"number"` キー値には計算した数値が入っています。

```
print JSON.pretty_generate(pps.slice "ロールアップ")
{
  "ロールアップ": {
    "id": "%5B%5B%3Dk",
    "type": "rollup",
    "rollup": {
      "type": "number",
      "number": 1,
      "function": "count"
    }
  }
}=> nil
```

02

Notion APIで理解するNotionのデータ構造

01
03
04
05
06

もう1つの例として「ロールアップ（オリジナル）」も表示してみます。これは、関数に「オリジナルを表示」と設定したプロパティです。リレーションは複数のページを登録できるので、ロールアップにはリレーション先のプロパティのオブジェクトが配列として格納されます。このため、**"type"** キー値は **"array"** となります。関数によってどの型が返ってくるのかは、87ページの表にまとめてあるので確認してください。

```
print JSON.pretty_generate(pps.slice "ロールアップ(オリジナル)")
{
  "ロールアップ(オリジナル)": {
    "id": "bXYW",
    "type": "rollup",
    "rollup": {
      "type": "array",
      "array": [
        {
          "type": "title",
          "title": [{Rich text object}]
        }
      ],
      "function": "show_original"
    }
  }
}=> nil
```

▶チェックボックス（checkbox）

ここまで説明したものは読み込み専用プロパティでした。ここからは更新可能なプロパティを説明します。更新可能プロパティはProperty value objectを持ちます。これはProperty item objectのサブセットなので、続けて説明します。

最初の更新可能プロパティは、チェックボックスです。チェックボックス（ **checkbox** ）は次のような構成になります。 **"checkbox"** キー値にはブール値が格納されています。

```
print JSON.pretty_generate(pps.slice "チェックボックス")
{
  "チェックボックス": {
    "id": "J%7DPw",
    "type": "checkbox",
    "checkbox": true
  }
}=> nil
```

　Property value objectは **"checkbox"** キー値のみを持ちます。Property value objectは、プロパティ名だけでなくidでも参照できます。内容は同じなのでここから先はプロパティ名のほうだけ紹介します。

```
{
  "チェックボックス": {
    "checkbox": true
  }
}
```

```
{
  "J%7DPw": {
    "checkbox": true
  }
}
```

▶日付(date)

　日付(**date**)は次のような構成になります。 **"date"** キーオブジェクトとしてDate objectが格納されています。

```
print JSON.pretty_generate(pps.slice "日付")
{
  "日付": {
    "id": "BXMi",
    "type": "date",
    "date": {
      "start": "2022-01-01",
      "end": null,
      "time_zone": null
    }
  }
}=> nil
```

　Property value objectは **"date"** キーオブジェクトのみを持ちます。ここでは、Date objectの設定方法をいくつか示します。まず、開始時間だけを設定する場合は **"start"** だけを記述します。このときの日付形式はISO 8601フォーマットになります。日本の場合には、UTCとの時差を示す **+09:00** を付ければよいです。

```
{
  "日付": {
    "date": {
      "start": "2022-01-03T12:34:00+09:00"
    }
  }
}
```

"start" だけでなく "end" も設定すると終了日も設定されます。

```
{
  "日付": {
    "date": {
      "start": "2022-01-03T13:00:00+09:00",
      "end": "2022-01-03T14:00:00+09:00"
    }
  }
}
```

"time_zone" を設定するとタイムゾーンをIANA databaseの文字列で指定することができます。ただし、このときには "start"、"end" の部分は "Z" としてUTC時刻にしなければなりません。

```
{
  "日付": {
    "date": {
      "start": "2022-01-03T13:00:00Z",
      "time_zone": "Asia/Tokyo"
    }
  }
}
```

▶ メール(email)

メール(email)は次のような構成になります。 "email" キー値には文字列が格納されています。

```
print JSON.pretty_generate(pps.slice "メール")
{
  "メール": {
    "id": "Nofs",
    "type": "email",
    "email": "test@example.com"
  }
}=> nil
```

Property value objectは **"email"** キー値のみを持ちます。

```
{
  "メール": {
    "email": "other@example.com"
  }
}
```

▶ファイル&メディア(files)

ファイル&メディア(**files**)は次のような構成になります。 **"files"** キー配列には
File objectの配列が格納されています。ファイルは複数個設置できるので、配列になっています。

```
print JSON.pretty_generate(pps.slice "ファイル&メディア")
{
  "ファイル&メディア": {
    "id": "L%3B%5En",
    "type": "files",
    "files": [{File object}]
  }
}=> nil
```

Property value objectはFile objectの配列のみを持ちます。ただし、NotionにAPIからファイルをアップロードすることはできないので、設定できるのは **"external"** のみとなります。

```
{
  "ファイル&メディア": {
    "files": [
      {
        "type": "external",
        "name": "説明文字列",
        "external": {
          "url": "外部リンク"
        }
      }
    ]
  }
}
```

▶マルチセレクト(multi_select)

マルチセレクト(**multi_select**)は次のような構成になります。 **"multi_select"** キー配列にはProperty objectの **"options"** に格納された選択候補オブジェクトが抽出されて格納されています。

```
print JSON.pretty_generate(pps.slice "マルチセレクト")
{
  "マルチセレクト": {
    "id": "ChYn",
    "type": "multi_select",
    "multi_select": [
      {
        "id": "d66152ff-4d19-430a-9e94-e3e2deedfc85",
        "name": "マルチセレクト1",
        "color": "green"
      },
      {
        "id": "0b67ca71-5380-48dd-818c-b1d19a094051",
        "name": "マルチセレクト2",
        "color": "orange"
      }
    ]
  }
}=> nil
```

Property value objectは選択候補オブジェクトの配列を指定します。既存の選択肢の場合には、キー値は **"name"** だけを指示すればよいです。この例ではデータベースに存在しない「マルチセレクト3」の選択肢を記載しています。このとき、親のデータベースに書き込み権限が存在すれば、データベースに選択肢が追加されます。

```
{
  "マルチセレクト": {
    "multi_select": [
      {
        "name": "マルチセレクト2"
      },
      {
        "name": "マルチセレクト3",
        "color": "blue"
      }
    ]
  }
}
```

▶数値（number）

数値（ **number** ）は次のような構成になります。 **"number"** キー値には数値が格納されています。

```
print JSON.pretty_generate(pps.slice "数値")
{
  "数値": {
    "id": "DMKa",
    "type": "number",
    "number": 1234
  }
}=> nil
```

Property value objectは **"number"** キー値のみを持ちます。

```
{
  "数値": {
    "number": 5678
  }
}
```

▶ユーザー（people）

ユーザー（ **people** ）は次のような構成になります。 **"people"** キー配列にはUser objectの配列が格納されています。

```
print JSON.pretty_generate(pps.slice "ユーザー")
{
  "ユーザー": {
    "id": "mnGU",
    "type": "people",
    "people": [{User object}]
  }
}=> nil
```

Property value objectはUser objectの配列を指定します。ただし、キー値は **"id"** だけを指示すればよいです。

```
{
  "ユーザー": {
    "people": [
      {
        "object": "user",
        "id": "2200a911-6a96-44bb-bd38-6bfb1e01b9f6"
```

▼

02 Notion APIで理解するNotionのデータ構造

01
03
04
05
06

```
      }
    ]
  }
}
```

▶電話(phone_number)

電話(**phone_number**)は次のような構成になります。 **"phone_number"** キー値には文字列が格納されています。

```
print JSON.pretty_generate(pps.slice "電話")
{
  "電話": {
    "id": "SH%5Ei",
    "type": "phone_number",
    "phone_number": "xx-xxxx-xxxx"
  }
}=> nil
```

Property value objectは **"phone_number"** キー値のみを持ちます。

```
{
  "電話": {
    "phone_number": "yy-yyyyy-yyyy"
  }
}
```

▶リレーション(relation)

リレーション(**relation**)は次のような構成になります。 **"relation"** キー配列はリレーション先のページIDを **"id"** キー値に持つオブジェクトの配列になります。

```
print JSON.pretty_generate(pps.slice "片方向リレーション先")
{
  "片方向リレーション先": {
    "id": "dQd%7B",
    "type": "relation",
    "relation": [
      {
        "id": "d5b8ecef-9afc-45d4-b2f1-2c8f7a6b1ef0"
      }
    ]
  }
}=> nil
```

Property value objectは **"id"** と **"type"** が存在しない以外は、Property item objectとほぼ同じ形式です。

```
{
  "片方向リレーション先": {
    "relation": [
      {
        "id": "d5b8ecef-9afc-45d4-b2f1-2c8f7a6b1ef0"
      }
    ]
  }
}
```

▶テキスト(rich_text)

テキスト(**rich_text**)は次のような構成になります。 **"rich_text"** キー配列は Rich text objectの配列になります。

```
print JSON.pretty_generate(pps.slice "テキスト")
{
  "テキスト": {
    "id": "%7B%3Fm%7D",
    "type": "rich_text",
    "rich_text": [{Rich text object}]
  }
}=> nil
```

Property value objectはRich text objectの配列を格納します。装飾などの情報が省略された場合には、装飾なしでデフォルトの色のテキストになります。

```
{
  "テキスト": {
    "rich_text": [
      {
        "type": "text",
        "text": {
          "content": "テキスト"
        },
      },
      {
        "type": "equation",
        "equation": {
          "expression": "y=f(x)"
        }
```

▼

```
        }
      ]
    }
  }
```

▶ セレクト(select)

セレクト(**select**)は次のような構成になります。 **"select"** キーオブジェクトは Property objectの **"options"** に格納された選択候補オブジェクトが1つだけ抽出されて格納されています。

```
print JSON.pretty_generate(pps.slice "セレクト")
{
  "セレクト": {
    "id": "RJ%3Bb",
    "type": "select",
    "select": {
      "id": "u:qu",
      "name": "セレクト1",
      "color": "pink"
    }
  }
}=> nil
```

Property value objectは選択候補オブジェクトを1つだけ指定します。既存の選択肢の場合には、キー値は **"name"** だけを指示すればよいです。この例ではデータベースに存在しない「セレクト3」の選択肢を記載しています。マルチセレクトと同様に、親のデータベースに書き込み権限が存在すれば、データベースに選択肢が追加されます。

```
{
  "セレクト": {
    "select": {
      "name": "セレクト3",
      "color": "blue"
    }
  }
}
```

▶ステータス(status)

ステータス(status)は次のような構成になります。 **"status"** キーオブジェクトは前述のセレクトとほぼ同等の構成です。

```
print JSON.pretty_generate(pps.slice "ステータス")
{
  "ステータス": {
    "id": "m%5DPL",
    "type": "status",
    "status": {
      "id": "4f585691-804a-44c5-b6e6-b0e3f9097ca0",
      "name": "Not started",
      "color": "default"
    }
  }
}=> nil
```

データベースのステータスプロパティは作成も更新もできませんが、ページのステータスプロパティの更新のみは可能となっています。ただし、設定できるのは既存の選択肢のみとなります。

```
{
  "ステータス": {
    "status": {
      "name": "Done",
    }
  }
}
```

▶タイトル(title)

タイトル(**title**)は次のような構成になります。 **"title"** キー配列はtext propertyと同じ形式です。

```
print JSON.pretty_generate(pps.slice "タイトル")
{
  "タイトル": {
    "id": "title",
    "type": "title",
    "title": [{Rich text object}]
  }
}=> nil
```

Property value objectはRich text objectの配列を格納します。タイトルの場合には、装飾は意味がないので基本的にはcontentのみを記述する形になります。

```
{
  "タイトル": {
    "title": [
      {
        "type": "text",
        "text": {
          "content": "テキスト"
        },
      }
    ]
  }
}
```

▶ URL(url)

URL(url)は次のような構成になります。リンクが単に **"url"** キー値に格納されています。

```
print JSON.pretty_generate(pps.slice "URL")
{
  "URL": {
    "id": "QLRk",
    "type": "url",
    "url": "https://google.com/"
  }
}=> nil
```

Property value objectは **"url"** キー値のみを持ちます。

```
{
  "URL": {
    "url": "https://google.com"
  }
}
```

Filter object

最後にデータベースを検索するためのFilter objectを説明します。Filter objectには、この節で取り上げているプロパティに対するProperty filter objectと、ページのタイムスタンプに対するTimestamp filter objectが存在します。JSONの形状はほとんど同じなので、この場所で同時に解説します。

Property filter objectの書式は次のようになります。

```
{
    "property": "プロパティ名",
    "プロパティの型": {
        "検索条件": 検索する値
    }
}
```

一方、Timestamp filter objectの書式は次のようになります。

```
{
    "timestamp": "created_time または last_edited_time",
    "created_time または last_edited_time": {
        "検索条件": 検索する値
    }
}
```

プロパティごとに利用できる検索条件が異なるので、検索条件ごとにどのプロパティやタイムスタンプで利用可能か説明します。Notion API documentのFilter objectではプロパティごとに利用できる検索条件がまとめられているので、こちらと比較しながら見ると理解しやすいと思います。

● Filter database entries

URL https://developers.notion.com/reference/post-database-query-filter

▶ 存在・非存在条件

ここからはNotionRubyMappingの機能を使って、記述方法を解説します。NotionRubyMappingでは各プロパティ種別ごとに専用のクラスを用意しており、データベースRubyオブジェクトからPropertyCacheオブジェクトを経由して次のように取得できます。

```
ps = db.properties
=> PropertyCache

ps["URL"]
=> #<NotionRubyMapping::UrlProperty:0x00000001081d3360 ...
```

　各プロパティオブジェクトはフィルタ生成用のメソッドを持っているので、これを使って Property filter objectを説明します。たとえば、数値プロパティに対して、データが存在している(データが空でない)もののみを抽出する **is_not_empty** 条件は次のように導出できます。

```
print JSON.pretty_generate(ps["数値"].filter_is_not_empty.filter)
{
  "property": "数値",
  "number": {
    "is_not_empty": true
  }
}=> nil
```

　逆にデータが存在しない(データがからである)もののみを抽出する **is_empty** は次のようになります。

```
print JSON.pretty_generate(ps["数値"].filter_is_empty.filter)
{
  "property": "数値",
  "number": {
    "is_empty": true
  }
}=> nil
```

　どちらの場合も検索する値は **true** になります。**is_not_empty** および **is_empty** フィルタは、チェックボックス以外のほぼすべてのプロパティで利用できます。
　以降、その他の条件を順に説明していきますが、どの条件も基本的に条件名が異なるだけです。このため説明は省略し、NotionRubyMappingの結果を示すのみとします。

▶ 一致・不一致条件

　URLプロパティに対して一致したもののみを抽出する **equals** のProperty filter objectは次のように導出できます。

```
print JSON.pretty_generate(ps["URL"].filter_equals("ABC").filter)
{
  "property": "URL",
  "url": {
    "equals": "ABC"
  }
}=> nil
```

逆に不一致のみを抽出する `does_not_equal` に相当するものは次のようになります。先に説明したように条件名だけが異なるだけであることがわかります。

```
print JSON.pretty_generate(ps["URL"].filter_does_not_equal("ABC").filter)
{
  "property": "URL",
  "url": {
    "does_not_equal": "ABC"
  }
}=> nil
```

この `equals` および `does_not_equals` が使えるプロパティは次の通りです。

- テキスト系プロパティ(「title」「rich_text」「url」「email」「phone_number」)
- 数値、チェックボックス、セレクト、ステータスプロパティ(「number」「checkbox」「select」「status」)
- 日付系プロパティ(「date」「created_time」「last_edited_time」)

ただし、日付系プロパティに関しては注意が必要です。時刻を含む場合にはISO 8601フォーマットに従うため、`"2022-10-15T12:00:00+09:00"` のようにタイムゾーンを入れることができます。

一方で、日付のみの場合には、`"2022-10-15"` のような表記しかできず、タイムゾーン情報を入れることができません。タイムゾーンが含まれない場合には、すべてUTCとして取り扱われます。

このため、日付のみを検索値として与えた場合には、UTCから+9時間の時差がある日本の場合、0:00:00から8:59:59までの時刻は前日のものとして検索に入らなくなります。どうしてもこの時間のものも正しく抽出したいと考える場合には、後述する `before` と `after` を組み合わせる必要があります。

この処理はかなり面倒なので、NotionRubyMappingでは日付が与えられた場合には、自動で範囲フィルタになるように拡張しています(この `and` を用いた複雑な条件については、126ページで説明します)。

```
print JSON.pretty_generate(
  ps["日付"].filter_equals(Date.new(2022, 10, 15)).filter)
{
  "and": [
    {
      "property": "日付",
      "date": {
        "after": "2022-10-15T00:00:00+09:00"
      }
    },
    {
      "property": "日付",
      "date": {
        "before": "2022-10-15T23:59:59+09:00"
      }
    }
  ]
}=> nil
```

▶ 包含・非包含条件

　マルチセレクトなど複数の情報を持つプロパティでは、包含条件(**contains**)および非包含条件(**does_not_contain**)フィルタが利用できます。意味は違いますが、テキスト内に文字列が含まれるかどうかの包含条件も同様にフィルタリングできます。記述方法は同じなので、本書では **contains** のほうの結果のみを示します。その他の条件も本書では一部のみを掲載しますが、テンプレートのほうにはコマンドを記載しておくので、各自確認してみてください。

```
print JSON.pretty_generate(ps["タイトル"].filter_contains("ABC").filter)
{
  "property": "タイトル",
  "title": {
    "contains": "ABC"
  }
}=> nil
```

　利用できるプロパティは以下の通りです。

- テキスト系プロパティ(「title」「rich_text」「url」「email」「phone_number」)
- マルチセレクト、リレーションプロパティ(「multi_select」「relation」)
- ユーザー系プロパティ(「people」「created_by」「last_edited_by」)

▶開始・終了条件

　テキスト系のプロパティ(`title` 、 `rich_text` 、 `url` 、 `email` 、 `phone_number`)のみ、特定の文字列から始まるか(`starts_with`)、特定の文字列で終わるか(`ends_with`)を判定するフィルタが利用できます。こちらも `starts_with` の結果のみ示します。

```
print JSON.pretty_generate(ps["テキスト"].filter_starts_with("ABC").filter)
{
  "property": "テキスト",
  "rich_text": {
    "starts_with": "ABC"
  }
}=> nil
```

▶数値の大小条件

　数値プロパティ(`number`)のみ、数字の大小を比較するフィルタが利用できます。利用できるのは、より大きい(`greater_than`)、未満(`less_than`)、以上(`greater_than_or_equal_to`)、以下(`less_than_or_equal_to`)となります。こちらも `greater_than` の結果のみ示します。

```
print JSON.pretty_generate(ps["数値"].filter_greater_than(10).filter)
{
  "property": "数値",
  "number": {
    "greater_than": 10
  }
}=> nil
```

▶日付の前後条件

　日付系プロパティ(`date` 、 `created_time` 、 `last_edited_time`)のみ、日付の前後を比較するフィルタが利用できます。まず、特定の日付・時間の前後関係に関するフィルタとして、前(`before`)、後(`after`)、今を含む前(`on_or_before`)、今を含む後(`on_or_after`)が利用できます。これも日付の場合には、UTCになるので注意が必要です。せっかくなので、ここではTimestamp filter objectの例で説明しています。このように専用のプロパティを用意していなくても、データベースの作成時刻を使って絞り込みをすることが可能です。こちらも `before` の結果のみ示します。

```
print JSON.pretty_generate(
  db.created_time.filter_before(Time.local(2022, 10, 15, 12, 0, 0)).filter)
{
  "timestamp": "created_time",
  "created_time": {
    "before": "2022-10-15T12:00:00+09:00"
  }
}=> nil
```

　また、現在時刻からの相対的な範囲をフィルタするものとして、次のフィルタが利用できます。

- 過去1週間以内(past_week)、未来1週間以内(next_week)
- 過去1月以内(past_month)、未来1月以内(next_month)
- 過去1年以内(past_year)、未来1年以内(next_year)
- 日曜始まりの今週(this_week)

　こちらも `last_edited_time` に対する `this_week` の結果のみを示します。これらは検索する対象がないので、検索値は空オブジェクトになります。

```
print JSON.pretty_generate(db.last_edited_time.filter_this_week.filter)
{
  "timestamp": "last_edited_time",
  "last_edited_time": {
    "this_week": {
    }
  }
}=> nil
```

▶関数(formula)に対する条件

　関数はデータベースで指定された数式により、プロパティの型が、**string**、**check box**、**number**、**date** の4通りに変化します。すなわち、設定された型によって利用できるフィルタが異なることになります。このため、formulaのフィルタには必ず型を指定する必要があります。一般的な形式は次のようになります。

```
{
  "property": "プロパティ名",
  "formula": {
    "設定された型": {
      "検索条件": 検索する値
    }
  }
}
```

例として、関数の結果がチェックボックスの場合には、次のような形式になります。

```
print JSON.pretty_generate(
  ps["関数"].filter_equals(true, another_type: "checkbox").filter)
{
  "property": "関数",
  "formula": {
    "checkbox": {
      "equals": true
    }
  }
}=> nil
```

▶ロールアップ(rollup)に対する条件

ロールアップもデータベースで指定された処理により、プロパティの型が変化します。また、show_original や show_unique を選択した場合には、複数個の値を保持するため、フィルタの条件も変化します。かなり複雑なので、個別に説明します。

最初に集計処理された結果のフィルタを説明します。集計後は数値または日付の情報になります。数値の場合には次のような形式になります。これは関数の場合と同じ形式です。

```
rp = ps["ロールアップ"]
=> #<NotionRubyMapping::RollupProperty:0x0000000107e0dc08...

print JSON.pretty_generate(
  rp.filter_greater_than(10, another_type: "number").filter)
{
  "property": "ロールアップ",
  "rollup": {
    "number": {
      "greater_than": 10
    }
  }
}=> nil
```

日付の場合も同様です。

```
print JSON.pretty_generate(rp.filter_past_week(another_type: "date").filter)
{
  "property": "ロールアップ",
  "rollup": {
    "date": {
      "past_week": {
```

```
      }
      }
    }
}=> nil
```

一方、**show_original** や **show_unique** の場合には、複数個の値が存在します。ロールアップの場合には、それらのどれかの値が該当するか（ **any** ）、すべての値が該当するか（ **every** ）、すべての値が該当しないか（ **none** ）を確認することができます。たとえば、チェックボックスを複数個ロールアップしてきた場合を考えましょう。複数個存在するチェックボックスのいずれかにチェックがされているものを抽出する場合には次のようになります。

```
print JSON.pretty_generate(
  rp.filter_equals(true, another_type: "checkbox", condition: "any").filter)
{
  "property": "ロールアップ",
  "rollup": {
    "any": {
      "checkbox": {
        "equals": true
      }
    }
  }
}=> nil
```

同様にすべてのチェックボックスがチェックされているものを抽出する場合は次のようになります。

```
print JSON.pretty_generate(
  rp.filter_equals(true, another_type: "checkbox", condition: "every").filter)
{
  "property": "ロールアップ",
  "rollup": {
    "every": {
      "checkbox": {
        "equals": true
      }
    }
  }
}=> nil
```

最後にすべての項目がチェックされていないものを抽出する場合は次のようになります。

```
print JSON.pretty_generate(
  rp.filter_equals(true, another_type: "checkbox", condition: "none").filter)
{
  "property": "ロールアップ",
  "rollup": {
    "none": {
      "checkbox": {
        "equals": true
      }
    }
  }
}=> nil
```

## CHAPTER 03

Notion APIの基本
（CRUD別の紹介）

　本章ではNotion APIでどんなことができるのかを解説します。本家のNotion APIのdocumentationは要素ごとに説明がまとめられているのため、説明が重複しがちになります。そこで、本章では取得・更新・作成・削除などの機能ごとに説明をまとめています。

APIアクセスの種類

　Notion APIはシンプルなWebシステムの設計思想であるREST APIの形式を採用しています。REST APIでは作成（Create）、取得（Read）、更新（Update）、削除（Delete）の処理をそれぞれ、POST、GET、PATCH、DELETEの4つのHTTPリクエストメソッドに分けて処理を行います。

　Notion APIのリファレンスページを確認すると、左側のメニューにそれぞれの処理が記載されており、それぞれに利用するリクエストメソッドが色付きで掲載されています。検索に関わるものは取得であってもPOSTメソッドを利用するものがありますが、それ以外はほとんど上記のルールに従っていると思います。

- ● Introduction
  - URL　https://developers.notion.com/reference/intro

　オフィシャルのリファレンスページでは、データベース、ページ、ブロックなどの要素ごとに解説が行われています。リファレンスとしてはこちらのほうがわかりやすいのですが、説明するには少し冗長になりがちです。このため、本書では次の流れで説明を行います。

1 個別取得（GET）
2 一覧取得（GET、POST）
3 更新（Update）
4 作成（Create）
5 削除（Delete）

　また、この章ではNotion APIにブラウザから直接アクセスします。この際、24ページでインストールしたGoogle Chromeの機能拡張であるTalend API Testerを利用します。まだインストールしていない人は、24ページの手順でブラウザに機能拡張をインストールしてください。

個別取得（Read）

この節では、Notionからページやブロックの情報を個別に取得するAPIについて解説します。

▍ botユーザーの取得（Retrieve your token's bot user）

まず最初に最も簡単なbotユーザーの取得から始めます。35ページではNotionRuby Mappingを用いてUser objectを取得しましたが、これを直接APIを使って実施してみましょう。NotionRubyMappingのいくつかのコマンドは **dry_run: true** というオプションを付けることで、内部でどのようなNotion API呼び出しをしているかを表示してくれます。最初にbotユーザーを取得する **find_me** メソッドに **dry_run** オプションを付けてみます。

```
print UserObject.find_me(dry_run: true)
#!/bin/sh
curl  'https://api.notion.com/v1/users/me' \
  -H 'Notion-Version: 2022-06-28' \
  -H 'Authorization: Bearer '"$NOTION_API_KEY"''=> nil
```

結果として表示されたものは、macOSやLinux上で動作するシェルスクリプトです。ここで **curl** というのはURLに対してHTTPアクセスをさせるコマンドです。Notion APIでは、URLの **https://api.notion.com/v1/** まではすべて共通になります。そのURLの後半が対象となるブロックやオブジェクトの型名になります。今回はUser objectの取得なので、**users** となっています。さらに **/** の後ろには **me** と書かれており、botユーザーを取得することを示しています。コマンドにHTTP methodに関するオプションが指定されていないので、メソッドはGETになります。

また、アクセスにあたり、次の2つのパラメータがヘッダに書かれています。

●パラメータ

パラメータ	説明
Notion-Version	現在の最新バージョンである「2022-06-28」を送る。APIは日々更新されているが、以前のバージョンと異なる応答をするような破壊的な変更があると、このバージョン文字列が変わる。
Authorization	シェルスクリプトでは環境変数「NOTION_API_KEY」に設定したものがここに展開される。したがって、Bearerの後ろにインテグレーションキーを連結したものがNotionに送られる

このAPIについては、APIリファレンスでは「Retrieve your token's bot user」というページで説明されています。

- ● Retreive your token's bot user
  - URL https://developers.notion.com/reference/get-self

Notion APIでは処理のそれぞれを「endpoint」と呼んでいます。APIリファレンスでは、それぞれのendpointごとにページが用意されています。ページの先頭部分には緑色の GET というアイコンとともに、`https://api.notion.com/v1/users/me` というURLが示されています。

さらに、このページの右の「LANGUAGE」で「Shell」を選択すると、前ページで表示されたスクリプトと同じものが表示されていることがわかります。

●Retrieve your token's bot user

APIリファレンスにはこのリクエストに対するレスポンス例も紹介されています。初期状態では、左側の画面が表示されています。ここで、緑色の200が成功時のレスポンス、赤色の400が失敗時のレスポンスです。ここで、`200 - Result` の部分をクリックすると右側の画面に変わります。

●APIリファレンスにおけるResponse表示

RESPONSE ● 200 - Result EXAMPLE ∨

```json
{
  "object": "user",
  "id": "16d84278-ab0e-484c-9bdd-b35da3bd8905",
  "name": "pied piper",
  "avatar_url": null,
  "type": "bot",
  "bot": {
    "owner": {
      "type": "user",
      "user": {
        "object": "user",
        "id": "5389a034-eb5c-47b5-8a9e-f79c99ef166",
        "name": "christine makenotion",
        "avatar_url": null,
        "type": "person",
        "person": {
          "email": "christine@makenotion.com"
        }
      }
    }
  }
}
```

　リファレンスで概要は理解できますが、せっかくアクセス方法がわかったので、実際に Talend API Testerを使ってNotion APIでデータを取得してみましょう。Talend API Testerは上記に示した **curl** コマンドの役割をブラウザ上で実現してくれる機能拡張です。まだインストールしていない人は、24ページの指示に従ってChrome系ブラウザにこの機能拡張をインストールしてください。

　Chromeにインストールしたlend API Tester機能拡張を立ち上げると次のような画面になります。SCHEMEのところにURL、HEADERの部分にインテグレーションキーなどの情報を記述します。これらの情報を整理できるように、テンプレートにメモ欄を用意しました。この内容は読者の皆さんのものに合わせて記入してください。

●Talend API Testerの入力(Retrive your token's bot user)

METHOD	SCHEME :// HOST [':' PORT] [PATH ['?' QUERY]]	
GET	https://api.notion.com/v1/users/me	Send

▶ QUERY PARAMETERS

HEADERS　　　　　Form ▾ ◀ ▶ BODY

☑ Notion-Version : 2022-06-28 　　XHR does not allow payloads for GET request.
☑ Authorization : Bearer secret_▓▓▓▓

＋ Add header　 Add authorization

前ページの画面で「Send」を実行すると下に結果が表示されます。緑色のバーには、HTTPアクセスが成功したことを示す200という数値が表示されています。右側のBODYの部分には、35ページで説明したBot user objectと同じ形式のものが表示されています。

●Talend API Testerの出力

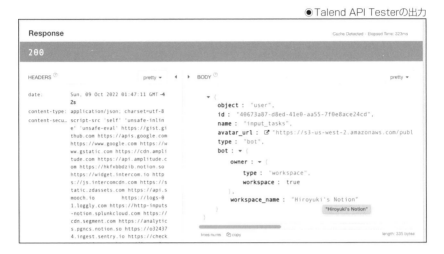

ユーザーの取得（Retrieve a user）

次に一般ユーザーを取得してみます。Retrieve a user endpointは下記のURLで説明されています。スクリプトは、先ほどのAPI呼び出しにおいて `me` の部分が `user_id` に変わっているだけで他に違いはありません。

● Retrieve a user endpoint

URL https://developers.notion.com/reference/get-user

36ページでUser objectを取得したときに `user_id` を記録しました。SCHEMEのURLだけを次のように修正してSendしてみてください。36ページと同じUser objectが取得できれば成功です。

```
https://api.notion.com/v1/users/ここに上のIDを記録
```

●Talend API Testerの入力(Retrieve a user)

ページの取得(Retrieve a page)

ページの取得も同じ要領で取得できます。ここでもページを取得する `Page.find` に `dry_run: true` オプションを付け、内部でどのようなNotion API呼び出しをしているかを確認してみましょう。

```
print Page.find("コピーしたリンクをここに貼り付け", dry_run: true)
#!/bin/sh
curl  'https://api.notion.com/v1/pages/bd4faef5be6042e4bcd2ee36b9796e3b' \
  -H 'Notion-Version: 2022-06-28' \
  -H 'Authorization: Bearer '"$NOTION_API_KEY"''=> nil
```

API リファレンスではRetreive a pageというページで説明されています。先ほど説明したRetrieve a user endpointと形式は同じであり、`users` の部分が `pages` になっているだけです。

- Retrieve a page
  URL https://developers.notion.com/reference/retrieve-a-page

実行すると次のようなResultが表示されます。JSONの中身はかなり大規模になるので、「▼」の記号の部分をクリックして中身を縮小表示するとわかりやすいと思います。この例ではtitleのRich text objectの部分を縮小表示しています。縮小した部分は内容が薄いグレー表示が行われています。縮小表示されたものは再度「▶」をクリックすると中身を展開表示することができます。

●Talend API Testerの出力(Retrive a page)

```
BODY                                                          pretty ▼
  ▼ {
     object : "page",
     id : "bd4faef5-be60-42e4-bcd2-ee36b9796e3b",
     created_time : "2022-09-08T08:33:00.000Z",
     last_edited_time : "2022-10-09T04:37:00.000Z",
     created_by : ▼ {
        object : "user",
        id : "2200a911-6a96-44bb-bd38-6bfb1e01b9f6"
     },
     last_edited_by : ▼ {
        object : "user",
        id : "2200a911-6a96-44bb-bd38-6bfb1e01b9f6"
     },
     cover : null,
     icon : ▼ {
        type : "emoji",
        emoji : "3"
     },
     parent : ▼ {
        type : "page_id",
        page_id : "6a2fbec3-e671-42be-a04d-7979185b7c54"
     },
     archived : false,
     properties : ▼ {
        title : ▼ {
           id : "title",
           type : "title",
           title : ▼ [
              ▶ { type : "text", text : { content : "3章 C3. Notion API 説明テンプレート", link : null…}
           ]
        }
     },
     url : ☑ "https://www.notion.so/3-C3-Not   ⊕Top  ⊕Bottom  ⊟Collapse  ⊕Open  ⧉2Request  ⧉Copy  ⬇Download
  }
```

||| データベースの取得(Retrieve a database)

個別データの取得は基本的に形式は同じなので、以降は簡単に説明することにします。Database objectは10節で確認した「サンプルデータベース」から取得します。本節のテンプレートページからこのデータベースにメンションを貼ってあるので、クリックすることで開くことができます。開いた後にURLを取得してください。

筆者の場合のデータベースURLは次のようになっています。**database_id** はURLの **/** から **?** までの間の32桁の16進数です。こちらもテンプレートにメモ欄を用意したので活用してください。

```
https://www.notion.so/hkob/0e606e9397844e4aac29480f46dc8c82?v=53a6075ece724
e3e9a5e5617e28009f6
```

Retrieve a database endpointは下記のURLで説明されています。

● Retrieve a database
　URL https://developers.notion.com/reference/retrieve-a-database

　このページでスクリプトは次のように説明されています。先ほどのRetreive a pageと比較すると、**pages** の部分が **databases** になっているだけです。テンプレートの指示に従ってSCHEMEの部分だけ修正し、API TesterでDatabase objectを取得してください。データベースはプロパティ情報などがありかなり複雑なので、返ってきたJSONを復習を兼ねてよく調査してみてください。

```
#!/bin/sh
curl  'https://api.notion.com/v1/databases/0e606e9397844e4aac29480f46dc8c82' \
  -H 'Notion-Version: 2022-06-28' \
  -H 'Authorization: Bearer '"$NOTION_API_KEY"''
```

▌▌▌ ブロックの取得(Retrieve a block)

　ブロックもページ・データベースと変わりません。適当なブロックで「ブロックへのリンク」を取得しましょう。筆者がテンプレートの見出し2ブロックのリンクを取得したところ、次のような形になりました。このとき、ブロックのIDは # より後ろの部分になります。

```
https://www.notion.so/hkob/T13-Read-dc45f0d4304b48749c292217a5ff9c12#6aa02b
918bde45f686b86129a6f012a2
```

　Retrieve a block endpointは下記のURLで説明されています。

● Retrieve a block
　`URL` https://developers.notion.com/reference/retrieve-a-block

　このページでスクリプトは次のように説明されています。こちらも **pages** の部分が **blocks** になっているだけです。テンプレートの指示に従ってSCHEMEの部分だけ修正し、API TesterでBlock objectを取得してください。Block objectについても前章で説明済みのため、説明は省略します。

```
#!/bin/sh
curl  'https://api.notion.com/v1/databases/0e606e9397844e4aac29480f46dc8c82' \
  -H 'Notion-Version: 2022-06-28' \
  -H 'Authorization: Bearer '"$NOTION_API_KEY"''
```

▐▐▐ プロパティの取得(Retrieve a page property item)

Notion-Version 2022-06-28が最初に発表されたとき、Page objectからプロパティ情報であるPage property itemが含まれなくなるという破壊的な変更が行われました。その際にプロパティ値を取得する代替がこのAPIでした。開発者からのクレームがかなり多かったため、8月31日にPage objectにプロパティ値が含まれるという元の仕様に戻りました。このような背景から現状ではこのAPIの利用頻度はあまり高くないと思われます。

- ●Notion-Version 2022-06-28 のリリース説明

    `URL` https://developers.notion.com/changelog/
    releasing-notion-version-2022-06-28

Retrieve a page property item endpointは下記のURLで説明されています。

- ●Retrieve a page property item

    `URL` https://developers.notion.com/reference/retrieve-a-page-property

このページでスクリプトは次のように説明されています。ページIDの後ろに **proper ties/** が続き、さらにプロパティのIDが続きます。プロパティIDはタイトル以外は基本的に4文字の文字列です。ただし、記号が入ることが多く、それらは **%** で始まるURLエンコードがなされることが多いです。また、タイトルだけは特別に常に **title** がIDになります。ここでは、上記で取得したページのタイトルを取得してみましょう。

```
curl 'https://api.notion.com/v1/pages/bd4faef5be6042e4bcd2ee36b9796e3b/
properties/title' \
  --header 'Authorization: Bearer $NOTION_API_KEY' \
  --header 'Notion-Version: 2022-06-28'
```

テンプレートの指示に従ってSCHEMEの部分だけ修正し、API TesterでProperty item objectを取得します。このとき、実行結果のResponse bodyは次のようになりました。見てわかるように、返却されたものはList objectになっています。

```
{
  "object": "list",
  "results": [
    {
      "object": "property_item",
      "type": "title",
      "id": "title",
      "title": {Rich text object}
    }
  ],
  "next_cursor": null,
  "has_more": false,
```

```
  "type": "property_item",
  "property_item": {
    "id": "title",
    "next_url": null,
    "type": "title",
    "title": {
    }
  }
}
```

　このようなList objectが返却されるプロパティは、次の4つです。これらの要素は複数個のobjectを内包するため、候補数が多くなる場合にはPagination処理が必要となります。

- title
- rich_text
- relation
- people

　これ以外のプロパティに関しては、Page object内のProperty item objectと同じ形式のものが返却されてきます。ページ内に保存されているProperty item objectとの違いは、**"object"** キー値が存在するかどうかだけです。

一覧取得(Read)

　前節では個別にオブジェクトを読み込むAPIを紹介しました。Notion APIでは、これらとは別に特定したデータを一覧で取得するAPIが用意されています。これらのAPIでは複数のobjectがList objectに含まれる形で返却されてきます。

▌子ブロック一覧を取得(Retrieve block children)

　ブロックやページは子ブロックを要素に持つことができます。ここでは最初に子ブロックの基本的な取得方法を説明します。その後、取得結果が多すぎる場合に必要となるPagination処理についても説明します。

▶基本的な使い方

　56ページでページ内のBlock objectを取得する際、`page.children` メソッドを利用しました。このメソッドでは、Retrieve block children endpointを利用していました。このendpointは次のURLで説明されています。

- ● Retrieve block children
  - **URL** https://developers.notion.com/reference/get-block-children

　endpointの説明では、URLが次のように記載されています。この `block_id` と書かれた部分に、`page_id` または `block_id` を記述することで、ページまたはブロックの子ブロック一覧を取得できます。

```
GET: https://api.notion.com/v1/blocks/{block_id}/children
```

　ここでは、56ページで取得したのと同じブロックリストを取得してみましょう。テンプレートの指示に従って、次のようにSCHEMEを修正し、Sendをクリックしてください。結果として、下にブロック一覧を取得できると思います。内容を確認し、56ページ以降と同じ結果が受け取れたことを確認してください。

●Retrieve block childrenの実行画面

▶Pagination処理

Notion APIでは1回のリスト取得に対して、最大で100件までのデータしか取得できません。それ以上のデータを取得したい場合には、Paginationの処理をする必要があります。実際に100件以上のデータの一部だけが取得された場合には、返却されたJSON内に `next_cursor` の位置が返されます。このとき、この `next_cursor` の情報を付与して同じ処理を実行することで続きを取り寄せることができます。

ここでは、上記のendpointに対して、**page_size** を5件に制限して呼び出してみましょう。SCHEMEの部分を次のように変更してください。

```
GET: https://api.notion.com/v1/blocks/{block_id}/children?page_size=5
```

実行すると図のような結果になりました。
- resultsの中のobjectは5つのみ格納されている。
- next_cursorに値が記録されている。
- has_moreにtrueが設定されている。

●返却された5件の結果

```
▶ BODY ⑦

  ▼ {
      object: "list",
      results: ▼ [
          ▶ {object: "block", id: "62592a40-e69f-448a-a4a8
          ▶ {object: "block", id: "2b51f627-e508-489c-a005
          ▶ {object: "block", id: "baa0fc08-de73-4ba3-b01f
          ▶ {object: "block", id: "ea8ca2e0-6860-44ce-931d
          ▶ {object: "block", id: "e2d5e885-0864-4964-a8e7
      ],
      next_cursor: "30c866e5-8db1-4400-b6bb-a7bde838ddfc",
      has_more: true,
      type: "block",
      block: ▶ {}
  }

lines nums  ⓔ copy
```

実際にこの `next_cursor` の値を使って次の5件のデータを取得してみましょう。先ほどのSCHEMEの後ろに **&start_cursor=** を追加するだけです。

```
GET: https://api.notion.com/v1/blocks/{block_id}/children?page_size=5&start_
cursor=指定された値
```

実行するとさらに次の5件が取得できたことが確認できます。このようにNotion APIを使う側のプログラムでPaginationの処理を実施する必要があります。NotionRubyMappingでは、ライブラリ内のListオブジェクトでPaginationを処理しており、ユーザー側にPaginationの意識をさせない工夫をしています。

▐▐▐ データベースからページを検索(Query a database)

　次はデータベースからページを検索して取得するAPIです。ページを絞り込むために、102ページで説明したFilter objectを利用します。この絞り込み要求のことをデータベースの世界では「クエリ」(Query)と呼びます。このAPIの説明はここで説明されています。これまでの取得APIはすべてGETメソッドでしたが、このAPIはPOSTメソッドを利用します。

- ● Query a database

  `URL` https://developers.notion.com/reference/post-database-query

▶ 単純なクエリ実行

　まずは何も絞り込みをしないクエリを実行してみましょう。ここでは78ページでプロパティの説明に使用したデータベースを使います。テンプレートにデータベースのURLが同期されているので、ここから `database_id` を取得してください。SCHEMEは次のようになります。

```
https://api.notion.com/v1/databases/{database_id}/query
```

　これ以外に次の2点の修正を行います。

- ●「METHOD」を「POST」に変更する。
- ●「HEADER」に「Content-Type」として「application/json」を追加する。

　この変更により、画面は次のようになります。POSTに変更したことにより、右側に「BODY」という欄が増えています。今回は利用しません。

◉ 単純なクエリの実行画面

▶並び替え

　絞り込みや並び替えの条件は、先ほど無視したBODYの部分に記述します。簡単なので先に並び替えを説明します。並び替えのキーとしては、プロパティの値またはタイムスタンプのいずれかを指定できます。プロパティの場合には次のようになります。

```
{
  "property": "プロパティ名",
  "direction": "ascending(昇順) または descending(降順)"
}
```

　一方でタイムスタンプの場合には次のようになります。

```
{
  "timestamp": "created_time(作成日時) または last_edited_time(最終更新日時)",
  "direction": "ascending(昇順) または descending(降順)"
}
```

　これらをSort objectと呼んでいます。Sort objectはBODYのJSON内の **sorts** キー配列の中に複数個記述できます。たとえば、ステータスを昇順、最終更新日時を降順（新しいものが先）で並び替えをするには、次のように記述します。 **sorts** は配列なので、 **[]** で括っていることに注意してください。これをBODYに記述して正しく並び替えが実施されていることを確認してください。

```
{
  "sorts": [
    {
      "property": "ステータス",
      "direction": "ascending"
    },
    {
      "timestamp": "last_edited_time",
      "direction": "descending"
    }
  ]
}
```

▶絞り込み

絞り込みは filter キーオブジェクトで指定します。単純な絞り込みの場合には、filter キーオブジェクトとして、102ページで解説したFilter objectを直接記述することができます。

さらにNotionアプリ内で高度なフィルタで実現するように、ANDやORを使った複雑な条件も記述することが可能です。実際、104ページでは日付の一致を範囲で検索するNotionRubyMappingの機能拡張を説明しました。この説明の際に次に示す **and** キー配列を使ったFilter objectを紹介しています。この例では該当する日の日本時間の0時0分0秒以降である条件と、該当する日の日本時間23時59分59秒の以前である条件の2つが同時に満たすものをand条件により抽出しています。この際、条件は複数個になるため、それらを並べるために [] を使った配列を使っています。and自体もFilter objectに相当するので、これをorで括ることでさらに複雑な絞り込みに拡張することもできます。

```
print JSON.pretty_generate(
  ps["日付"].filter_equals(Date.new(2022, 10, 15)).filter)
{
  "and": [
    {
      "property": "日付",
      "date": {
        "after": "2022-10-15T00:00:00+09:00"
      }
    },
    {
      "property": "日付",
      "date": {
        "before": "2022-10-15T23:59:59+09:00"
      }
    }
  ]
}=> nil
```

これを真似して、ステータスがNot startedでかつ数値が1000以上のものを抽出してみましょう。BODYを次のように変更して、データが1件のみ抽出されることを確認してください。

```
{
  "filter": {
    "and": [
      {
        "property": "ステータス",
```

▼

```
        "status": {
            "equals": "Not started"
        }
    },
    {
        "property": "数値",
        "number": {
            "greater_than_or_equal_to": 1000
        }
    }
    ]
  }
}
```

▶全検索(Search)

　データ取得系の最後はSearch endpointです。このendpointの説明は下記のURLで行われています。

- Search by title
  URL https://developers.notion.com/reference/post-search

　メソッドはPOSTであり、SCHEMEは下記で固定です。

```
https://api.notion.com/v1/search
```

　これはインテグレーションキーにコネクトされたデータベースやページを検索する機能です。ページの検索であれば、通常は特定のデータベース内に所属することがほとんどだと思うので、APIからの利用であれば上記のQuery a databaseを使うのが効率的だと思います。このendpointのBODYに記述できるのは次のキー値またはキーオブジェクトのみです。

●Search endpointのBODYに記述できるキー値またはキーオブジェクト

キー値またはキーオブジェクト	説明
「query」キー−値	タイトルで絞り込みたいときに文字列を指定する
「filter」キーオブジェクト	ページのみまたはデータベースのみを指定できる。指定がない場合には両方検索する
「sort」キーオブジェクト	最終更新日の昇順にしたいときのみ記述する。デフォルトは降順

　このため、Search endpointの利用方法としてはデータベースの検索が多いのではないかと推測します。次のようなBODYを記述すると、このインテグレーションキーにコネクトされたデータベースを一覧で取得することができます。

```
{
  "query": "",
  "filter": {
    "value": "database",
    "property": "object"
  },
  "sort": {
    "direction": "ascending",
    "timestamp": "last_edited_time"
  }
}
```

Talend API Testerの画面は次のようになります。

●データベースのみの一覧を取得する実行画面

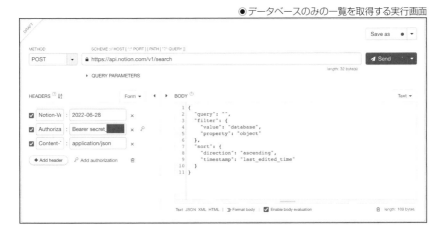

更新（Update）

これまではデータを取得する処理を説明してきましたが、ここからは実際にデータを編集する処理を説明します。

▌ データベースプロパティなどを更新（Update database）

データベースプロパティなどを更新するUpdate database endpointは下記のURLで説明されています。

- Update page

  URL https://developers.notion.com/reference/patch-page

Update databaseのSCHEMEはRetrieve a databaseと同じですが、メソッドがPATCHになります。また、更新のための情報は、124ページで説明した検索などと同様にBODYに記載します。

```
https://api.notion.com/v1/databases/{database_id}
```

今回、テンプレートページに「更新テスト用データベース」を準備しました。このデータベースに対してさまざまな更新作業を行っていきます。初期状態は次のようになっています。

●変更前のデータベース

更新テスト用データベース

囲 テーブルビュー ⌄		フィルター　並べ替え　Q　⋯	新規 ⌄
Aa 名前	# 数値	＋　⋯	
サンプル1	1234		
サンプル2	5678		
＋ 新規			
	計算 ⌄		

ここでは、次の更新について順に説明していきます。

- プロパティ設定の更新
- プロパティ名の変更
- 新規プロパティの追加
- プロパティ種別の変更
- プロパティの削除

▶ プロパティ設定の更新

プロパティ設定を変更するには、80ページで説明したProperty schema objectを `properties` キーオブジェクトに指定します。ここでは数値プロパティの数値の形式を円に変更してみます。この場合、BODYは次のようになります。

```
{
  "properties": {
    "数値": {
      "format": "yen"
    }
  }
}
```

設定画面は次のようになりました。

●Talend API Testerの画面

実行結果は次のようになりました。正しく数値プロパティのフォーマットが変更されています。

●プロパティを変更した結果

更新テスト用データベース

⊞ テーブルビュー ∨　　　　フィルター　並べ替え　🔍　…　　**新規** ∨

Aa 名前　　　　　# 数値　　　＋　…

サンプル1　　　　　　￥1,234

サンプル2　　　　　　￥5,678

＋ 新規

　　　　　計算 ∨

▶プロパティ名の変更

その他の更新はBODYが異なるだけです。そのため、BODYの紹介と結果の表示のみとします。プロパティ変更や削除のJSONは特殊な形式であり、下記のURLで説明されています。

● Update database properties

URL https://developers.notion.com/reference/
update-property-schema-object

今回は先ほどの数値プロパティの名前を金額に変更してみます。BODYは次のようになります。

```
{
  "properties": {
    "数値": {
      "name": "金額"
    }
  }
}
```

実行結果は次のようになりました。正しく数値プロパティのフォーマットが変更されています。

●名称を変更した結果

更新テスト用データベース

田 テーブルビュー ⌄　　　　　　フィルター　並べ替え　Q　…　　新規 ⌄

Aa 名前	# 金額	+ ...
サンプル1	¥1,234	
サンプル2	¥5,678	

＋ 新規

計算 ⌄

▶新規プロパティの追加

新しくプロパティを追加するには、既存のプロパティと異なる名前のプロパティをProperty schema objectで指定するだけです。ここでは、**now()** を式に持つFormulaプロパティを追加してみましょう。BODYは次のようになります。

```
{
  "properties": {
    "時刻": {
      "formula": {
        "expression": "now()"
      }
    }
  }
}
```

実行結果は次のようになりました。正しく時刻という名前のFormulaプロパティが追加されています。

●プロパティを追加した結果

更新テスト用データベース

田 テーブルビュー ⌄　　　　　　フィルター　並べ替え　Q　…　　新規 ⌄

Aa 名前	# 金額	Σ 時刻	+ ...
サンプル1	¥1,234	2022年12月29日 午後 8:28	
サンプル2	¥5,678	2022年12月29日 午後 8:28	

＋ 新規

計算 ⌄

▶プロパティの種別の変更

　プロパティの種別を変更するには、既存のプロパティ名で異なる種別のProperty schema objectを設定します。先ほどのFormulaプロパティをDateプロパティに変更する場合のBODYは次のようになります。

```
{
  "properties": {
    "時刻": {
      "date": {
      }
    }
  }
}
```

　実行結果は次のようになりました。正しくDateプロパティに変更されています。

●プロパティの種別を変更した結果

更新テスト用データベース

⊞ テーブルビュー ﹀		フィルター　並べ替え　Q　…	新規 ﹀
Aa 名前	# 金額	🗓 時刻	＋　…
サンプル1	￥1,234		
サンプル2	￥5,678		
＋ 新規			
	計算 ﹀		

▶プロパティの削除

　最後に、先ほど作成した時刻プロパティを削除してみましょう。削除も特殊な形式で、プロパティ名キー値に null を指定します。BODYは次のようになります。

```
{
  "properties": {
    "時刻": null
  }
}
```

　実行結果は次のようになりました。プロパティは削除され、削除されたプロパティに移動しています。

●プロパティを削除した結果

ページプロパティなどを更新(Update page)

　ページプロパティなどを更新するUpdate page endpointは下記のURLで説明されています。これはページプロパティ、アイコン、カバー画像などを変更するもので、ページ内のブロックなどを更新するものではないことに注意してください。

● Update page
　URL https://developers.notion.com/reference/patch-page

▶単体ページの更新

　テンプレートページに「更新テスト用ページ」を用意しました。このページはデータベース内のページではないので、Titleプロパティのみ保持しています。今回はタイトルとアイコンを変更してみましょう。Update pageのBODYは基本的にはPage objectの変更したい部分だけを記述する形で問題ありません。今回、アイコンはEmoji objectを利用して、絵文字アイコンを設定します。タイトルはTitle propertyのProperty value objectで設定します。このとき、BODYは次のような形態になります。

```
{
  "icon": {
    "type" : "emoji",
    "emoji": "3"
  },
```

```
  "properties": {
    "title": {
      "title": [
        {
          "type": "text",
          "text": {
            "content": "変更後のタイトル"
          }
        }
      ]
    }
  }
}
```

SCHEMEはRetrieve a pageと同じですが、メソッドが「PATCH」になります。

```
https://api.notion.com/v1/pages/{page_id}
```

設定画面は次のようになりました。

●Talend API Testerの画面(Update page)

▶データベースページの更新

　前述のように単体ページの更新を説明しましたが、それよりもこちらのデータベースページのプロパティ値更新のほうがよく使われると思います。プロパティ値の更新には、88ページで説明したProperty value objectを **properties** キーオブジェクトに記述することになります。

　ここでは、先ほどのデータベース内の「サンプル1」ページの金額を変更してみましょう。BODYは次のようになります。

```
{
  "properties": {
    "金額": {
      "number": 2980
    }
  }
}
```

　これを実行するとデータベースの金額が次のように変更されました。

◉金額を更新した結果

ブロックを更新(Update a block)

　ブロックを更新するUpdate a block endpointは下記のURLで説明されています。

● Update a block

　URL　https://developers.notion.com/reference/update-a-block

　Update a blockのSCHEMEはRetrieve a blockと同じですが、メソッドがPATCHになります。

```
https://api.notion.com/v1/blocks/{block_id}
```

　これまでと同じように、テンプレートに「サンプルタスク」という名前のToDoブロックを要しました。テンプレートに従って、ブロックのURLから **block_id** を取り出し、上記のSCHEMEに適用します。

　今回は、このToDoブロックのチェックをONにしましょう。BODYは56ページで説明したBlock objectの内容を記述します。ただし、更新に必要ない部分は省略することができることがあります。どの部分が省略可能なのかは、ブロックによって異なるので注意が必要です。今回の場合、チェックの状態のみを変更するだけなので、Rich text objectの配列は渡さないことにします。BODYは次のようになりました。

```
{
  "to_do": {
    "checked": true
  }
}
```

　実行すると正しくToDoブロックのチェックがONになりました。

◉更新されたブロック

☑ サンプルタスク

作成（Create）

前節では既存のデータの更新処理を実施しました。本節では、新規にデータを作成する処理を説明します。

子ブロックを追加（Append block children）

既存のブロックに子ブロックを追加するAppend block childrenは下記のURLで説明されています。

- Append block children
  `URL` https://developers.notion.com/reference/patch-block-children

このメソッドのSCHEMEは次のようになっています。メソッドはUpdate系のものと同じでPATCHになります。また、対象となるidの部分が `block_id` となっていますが、この部分には `page_id` を記述することもできます。`block_id` が指定された場合にはそのブロックの子ブロックの一番下に、`page_id` が指定された場合にはそのページの一番下にブロックが追加されます。

```
https://api.notion.com/v1/blocks/{block_id}/children
```

1回のリクエストで子要素の2レベル下の曾孫要素までは一括で登録可能となっています。なお、このメソッドで追加できる場所はブロックやページの末尾だけです。また、追加したブロックを並び替える機能は、現在、APIでは提供されていません。

この節のテンプレートに子ブロックを追加するためのブロックを用意しました。このブロックにEquationブロックを並べたColumnListブロックを追加してみましょう。ColumnListブロックはProperty value objectの形式が複雑なので、NotionRubyMappingに教えてもらいます。

```
print JSON.pretty_generate(ColumnListBlock.new([
  EquationBlock.new('\fbox{fbox}'),
  EquationBlock.new('\mathbb{MATHBB}'),
]).block_json)
{
  "type": "column_list",
  "object": "block",
  "column_list": {
    "children": [
      {
        "type": "column",
        "object": "block",
```

```
        "column": {
          "children": [
            {
              "type": "equation",
              "object": "block",
              "equation": {
                "expression": "\\fbox{fbox}"
              }
            }
          ]
        }
      },
      {
        "type": "column",
        "object": "block",
        "column": {
          "children": [
            {
              "type": "equation",
              "object": "block",
              "equation": {
                "expression": "\\mathbb{MATHBB}"
              }
            }
          ]
        }
      }
    ]
  }
}=> nil
```

　Append block childrenのBODYは **children** キー配列の中にProperty value objectを並べます。具体的には次のようになります。今回は **column_list** → **column** → **equation** の2レベルのネストとなっており、これがAPIのネスト限界になります。

```
{
    "children": [
    上の Property value object をここに記載します
    ]
}
```

Talend API Testの画面は次のようになりました。

●Talend API Testerの画面(Append block children)

実行結果は次のようになりました。正しく列ブロックが生成されています。

●ブロックを追加した結果

▌▌▌データベースを作成（Create a database）

新規にデータベースを作成するCreate a databaseは下記のURLで説明されています。

- Create a database
  URL https://developers.notion.com/reference/create-a-database

このAPIのSCHEMEは次のように固定です。メソッドはPOSTに変更になります。

```
https://api.notion.com/v1/databases
```

BODYにはDatabase objectを記述します。必要な項目は次の通りです。

● 必要な項目

項目	説明
「properties」キーオブジェクト	80ページで説明したProperty schema objectを並べる。少なくともTitleプロパティは必ず必要
「title」キー配列	データベースのタイトルのRich text object配列を記述する
「parent」キーオブジェクト	設置するページの「page_id」を持つParent objectを記述する

ここでは、Title、Checkbox、Formulaプロパティを持つデータベースを作成してみましょう。BODYは次のようになります。

```
{
  "properties": {
    "タイトル": {
      "title": {}
    },
    "完了": {
      "checkbox": {}
    },
    "現在時刻": {
      "formula": {
        "expression": "now()"
      }
    }
  },
  "title": [
    {
      "type": "text",
      "text": {
        "content": "新規作成データベース"
      }
    }
  ],
```

▼

```
  "parent": {
    "type": "page_id",
    "page_id": "b50e0bac66a04c549eb68f6aa0fc822a"
  }
}
```

Talend API Testの画面は次のようになりました。

●Talend API Testerの画面(Create a database)

作成されたデータベースは次のようになります。なお、APIでデータベースを作成することはできますが、まだビューを作成することはできません。

●作成されたデータベース

▥ ページを作成（Create a page）

新規にページを作成するCreate a pageは下記のURLで説明されています。ページの配下に設置する単体ページと、データベースの配下に設置するデータベースページのどちらも作成できます。違いは Parent オブジェクトのキーだけです。

● Create a page

URL https://developers.notion.com/reference/post-page

このAPIのSCHEMEも次のように固定です。メソッドはこれもPOSTになります。

```
https://api.notion.com/v1/pages
```

BODYにはPage objectを記述します。必要な項目は次の通りです。

◉ 必要な項目

項目	説明
「properties」キーオブジェクト	80ページで説明したProperty objectを並べる。単体ページの場合にはTitleプロパティのみを持つ
「parent」キーオブジェクト	設置するページの「page_id」または親になるデータベースの「database_id」を持つParent objectを記述する

ここでは、上記で作成したデータベースにページを追加してみましょう。今回はタイトルのみ設置してみましょう。BODYは次のようになります。

```
{
  "properties": {
    "タイトル": {
      "title": [
        {
          "type": "text",
          "text": {
            "content": "新規ページ"
          }
        }
      ]
    }
  },
  "parent": {
    "type": "database_id",
    "database_id": "a04cbb6d7a6e4641bbd3da2d49b02009"
  }
}
```

Talend API Testの画面は次のようになりました。

●Talend API Testerの画面（Create a page）

作成されたページは次のようになります。正しくページが作成されていることがわかります。設定されなかったCheckboxはチェックがOFFの状態で作成されています。

●作成されたページ

新規作成データベース

⊞ Default view ∨		フィルター　並べ替え　🔍　…　**新規** ∨
Aa タイトル	☑ 完了	Σ 現在時刻
新規ページ	☐	2022年12月31日 午後 5:34
＋ 新規		
	計算 ∨	

削除(Delete)

API解説の最後は削除です。ただし、Notionの場合には完全に削除するわけではなく、すべてアーカイブフラグをONにする作業となります。

ページをアーカイブ(Archive(delete)a page)

ページをアーカイブするArchive a pageは、次の Update a pageの中で説明されています。Notion APIではページは削除ではなく、アーカイブになります。そのため、ページの更新で **archived** キーを **true** に変更するだけです。

- Update page
  URL https://developers.notion.com/reference/patch-page

ページの更新なので、SCHEMEは次のようになります。メソッドは当然、PATCHです。

```
https://api.notion.com/v1/pages/{page_id}
```

BODYは **archived** キー値を **true** にするだけなので、次のようになります。

```
{
  "archived": true
}
```

本節のテンプレートにサンプルページを用意しました。このページを削除してみましょう。Talend API Testの画面は次のようになります。

● Talend API Testerの画面(Archive a page)

実行すると該当ページがページから消えていることがわかります。「削除されたページを表示」を実行すると該当ページがアーカイブされていることが確認できます。

● 削除されたページを表示

BODYの **archived** キー値を **false** に変更してもう一度、実行してみましょう。

```
{
  "archived": false
}
```

これによってページを復元することができます。ただし、ページを作成したときと同様に復元されるのはそのページの一番下になります。

ブロックを削除(Delete a block)

ブロックを削除するDelete a blockはこちらで説明されています。

● Delete a block

URL https://developers.notion.com/reference/delete-a-block

SCHEMEはRetrieve a blockと同じで次のようになります。メソッドはNotion APIで唯一のDELETEです。

```
https://api.notion.com/v1/blocks/{block_id}
```

テンプレートに削除するブロックを用意しました。このブロックを削除してみましょう。SCHEMEを変更し、メソッドをDELETEにするとヘッダは自動的にNotion-VersionとAuthorizationの2つだけになります。また、BODYもなくなります。この結果、Talend API Testの画面は次のようになりました。

●Talend API Testerの画面(Delete a block)

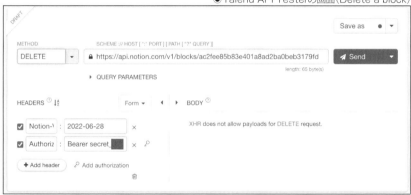

実行すると該当するブロックが削除されました。削除といっていますが、実際には該当するブロックの **archived** キー値が **true** になっただけです。このため、このブロックに対して **archived** キー値を **false** に戻すことで、削除したブロックを復元することができます。メソッドをPATCHに戻し、ページの復元と同様にBODYを次のように設定し、実行してみましょう。

```
{
  "archived": false
}
```

Talend API Testの画面は次のようになります。

◉Talend API Testerの画面(Update a block)

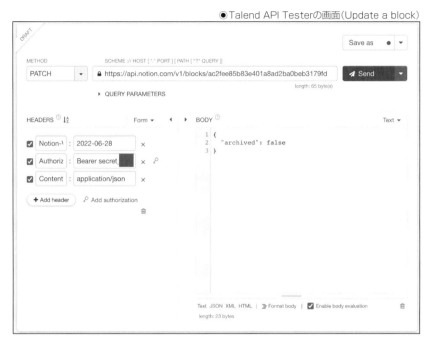

実行すると、ページの復元と同様にページの一番下にブロックが復元されます。

CHAPTER 04

Google Apps
Scriptによる応用

APIでできることが理解できたので、具体的にAPIを使ったサンプルアプリを作成していきます。

本章ではGoogle Apps ScriptによるAPIアクセスを説明します。その後、事例としてGoogle Form投稿時に自動的に動作するアプリ、Google CalenderのイベントとNotionページを同期するアプリを解説します。

また、GAS はアプリとして外部のサービスから呼び出すこともできます。この機能を利用することで、別のサービスからGASを通じてNotionにアクセスすることが可能になります。ここではSlackにリアクションを付けたらNotionにメッセージを記録するSlackToNotionアプリを例に複数サービスを連携するコツを説明します。

Google Apps Scriptについて

Google Apps Script（以下、GASと略す）は、Googleが提供するアプリケーション開発プラットフォームです。Googleアカウントがあれば、誰でも開発環境を用意せずにブラウザのみで開発作業を行うことができます。本書では、Google SpreadsheetをベースにGoogle Apps Scriptを利用してみます。

■ プログラムの実行

まずGoogle Spreadsheetで書類を1つ作成してみましょう。名前は適当に付けてもらって構いません。

●作成したスプレッドシート

「拡張機能」メニューを開き「Apps Script」をクリックします。たまに一度で開かない場合があるので、その場合にはもう一度クリックしてください。

●拡張機能メニュー

Apps Scriptは次のような画面になります。現在、一番左側で「エディタ」タブが選ばれており、その中で **コード.gs** というファイルが選択されている状態です。右側に表示されているのが **コード.gs** のプログラムの中身です。このプログラムにはJavaScriptをベースとした言語を使用します。ただし、一部にGAS専用の命令が追加されています。

●Apps Scriptの画面

　試しに、「Hello, world」という文字をコンソールに表示してみましょう。現在のカーソル位置に **console.log** という文を追加します。これは指定した文字列をコンソールに表示するだけの関数呼び出しです。

```
function myFunction() {
  console.log("Hello, world")
}
```

　「プロジェクトを保存」アイコンをクリックするか、「Ctrl-S」(Windows)または「Cmd-S」(macOS)をタイプするとプロジェクトが保存されます。プロジェクトが保存されると「myFunction」がメニューに現れ、その左に「▷実行」のボタンがアクティブになります。このボタンをクリックすると、指定した **myFunction** 関数が実行されます。

●選択した関数の実行

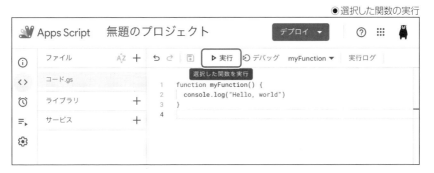

　実行するとエディタの下の部分に実行ログが表示されます。

●実行ログ

実行ログ			✕
12:04:43	お知らせ	実行開始	
12:04:43	情報	Hello, world	
12:04:44	お知らせ	実行完了	

▐▐▐ スクリプトプロパティの取得

プログラム中に記述したくないパラメータ情報は、GASではスクリプトプロパティという形で保存できます。一番右のタブで「プロジェクトの設定」を選択し、一番下までスクロールするとスクリプトプロパティという欄があります。ここでは例として、`NOTION_VERSION` というキーに対して、`2022-06-28` という値を登録してみました。

●スクリプトプロパティ

プログラムの中では、プロパティのキーを使って値を取り出します。具体的には、次のように記述します。実行すると「2022-06-28」という文字列が表示されます。

```
function myFunction() {
    console.log(PropertiesService.getScriptProperties().getProperty("NOTION_
VERSION"))
}
```

Notion APIにアクセスのための関数の作成

本書ではGASでいくつかのアプリを作成します。これらに共通に使える関数をここで作ってしまいましょう。なお、この書籍では関数名と変数名が区別しやすいように、関数名には単語の区切りを大文字にするキャメルケースを使い、変数名には単語の区切りに _ を追加するアンダースコアで表記することにします。

▓ スクリプトプロパティ関連

key を指定してスクリプトプロパティを取得する関数 scriptPropertyFor を1つ用意しておきます。

SAMPLE CODE

```
// スクリプトプロパティを取得
function scriptPropertyFor(key) {
  return PropertiesService.getScriptProperties().getProperty(key)
}
```

この関数を使うと、たとえばスクリプトプロパティに保存したインテグレーションキーを取得する notionAPIKey 関数は次のように書けます。同様に NOTION_VERSION を取得する関数、データベースIDなどの取得も同様に関数化しておきます。

SAMPLE CODE

```
// NOTION_API_KEY を取得
function notionAPIKey() {
  return scriptPropertyFor("NOTION_API_KEY")
}

// NOTION_VERSION を取得
function notionVersion() {
  return scriptPropertyFor("NOTION_VERSION")
}

// DATABASE_ID を取得
function databaseID() {
  return scriptPropertyFor("DATABASE_ID")
}
```

　逆にスクリプトプロパティにデータを保存する関数 **saveScriptPropertyTo** も用意しておきます。この関数は **key** のスクリプトプロパティに **value** を登録します。

SAMPLE CODE
```
// スクリプトプロパティにデータを保存
function saveScriptPropertyTo(key, value) {
  PropertiesService.getScriptProperties().setProperty(key, value)
}
```

スプレッドシート関連

　スプレッドシートの現在のアクティブシートを得る関数を用意しておきます。

SAMPLE CODE
```
// 現在のアクティブシートを得る
function getSheet() {
  return SpreadsheetApp.getActiveSheet()
}
```

API呼び出し関連

　GASからNotin APIに情報を送る関数 **sendNotion** は次のようになります。**url** で指定したAPIに **payload** 込みで、**method** によりAPI呼び出しを行います。payloadが必要ない場合には、**null** を指定します。API呼び出しは1秒間に3アクセスまでとなっているため、400msの時間待ちを行っています。この関数はAPIから返却されたJSONをJavaScriptのオブジェクトに変換して返却します。

SAMPLE CODE
```
// Notion に payload を send する
function sendNotion(url_sub, payload, method) {
  const options = {
    "method": method,
    "headers": {
      "Content-type": "application/json",
      "Authorization": "Bearer " + notionAPIKey(),
      "Notion-Version": notionVersion(),
    },
    "payload": payload ? JSON.stringify(payload) : null
  };
  // デバッグ時にはコメントを外す
  // console.log(options)
  Utilities.sleep(400)
  const url = "https://api.notion.com/v1/" + url_sub
  return JSON.parse(UrlFetchApp.fetch(url, options))
}
```

この関数を汎用関数として、個々のAPI用のユーティリティ関数を用意します。 **createPage** 関数はCreate Page APIを呼び出すものです。

SAMPLE CODE

```
// Create Page API を呼び出す
function createPage(payload) {
  return sendNotion("pages", payload, "POST")
}
```

updatePage 関数はUpdate Page APIを呼び出すものです。

SAMPLE CODE

```
// Update Page API を呼び出す
function updatePage(page_id, payload) {
  return sendNotion("pages/" + page_id, payload, "PATCH")
}
```

Google Form連携アプリ

筆者は、「逆引きNotion」というサイトを一般公開しています。このサイトはやりたいことからNotionの機能を逆引きするサイトです。ツイートなどで多くの方が機能紹介などをされているので、気になったときにそれを登録しています。この登録の際、直接Notionページを編集するのではなく、Google Formを使っています。この節では、このGoogle FormからNotionページを登録するシステムを紹介します。

- 逆引きNotion
  URL https://www.notion.so/Notion-e71a0f9fb19c49a9abecbab34b47b4d0

▌▌▌ Google Formの作成

次のようなGoogle Formを作成しました。

●作成したGoogle Form

このGoogle Formでは次の項目が設定されています。テストのために最低、1つはデータを登録しておきます。

- 紹介があるページのURL(テキスト)
- 逆引きの文(テキスト)
- キーワード(テキスト)
- 用途(ラジオボタン)
- タグ(チェックボックス)
- 投稿者氏名(テキスト)

Notionデータベースの作成

上記のGoogle Formのデータを登録するためのデータベースを用意します。下図はあるページのプロパティを表示したものです。

●作成したデータベース

Callout の中で複数列を作成したい

⊙ Kind	アプリ利用法
☰ Keyword	○列に変換を Callout の中で実施
☰ Tags	動画あり　Twitter のみ
↗ Author	🙂 hkob
☑ Publish?	✅
🔗 Link	https://twitter.com/hkob/status/1547219753672278016
🕐 Created Time	2022年7月14日 午前 10:08
☰ Contributor	未入力
↗ Equivalent	未入力
↗ 逆引き Formula	未入力

それぞれのプロパティは次の通りです。

●作成したデータベースのプロパティ

プロパティ	説明
Request	Google Formの逆引きの文から設定されるタイトル
Kind	Google Formの用途から設定されるセレクタ
Keyword	Google Formのキーワードから設定されるテキスト
Tags	Google Formのタグから設定されるマルチセレクタ
Author	紹介者ページへのリンク。これは手動で設定
Publish?	ページ準備ができたらチェック → 外部公開
Link	Google Formの紹介リンクから設定されるURL
Created Time	ページ作成日付。並び替えのために利用
Contributor	Google Formの投稿者から設定されるテキスト
Equivalent	関連するページへのリレーション。手動で設定
逆引きFormula	逆引きFormulaに関連する記事があったときに手動で設定

作成したデータベースには、忘れずにインテグレーションキーをコネクトしておきます。

▌ GASの記述

Google Formの投稿は、図のように関連するGoogle Spreadsheetに登録されます。そこで、このGoogle SpreadsheetにGASを記述していきます。

● フォームの回答

拡張機能からApps Scriptをクリックし、スクリプトエディタを起動します。最初に次の2つのスクリプトプロパティを登録します。

● 登録するスクリプトプロパティ

スクリプトプロパティ	説明
DATABASE_ID	上記で作成したデータベースのID
NOTION_API_KEY	コネクトしたインテグレーションキー

エディタに戻りプログラムを記述しましょう。処理内容は、大きく分けて2つです。まずスプレッドシートの最終行を取得し、そこからAPIに渡すPayloadデータを作成します。その後、そのPayloadデータを使って、Create a Page APIを呼び出すだけです。

createPayload で作成しているJSONデータは88ページで説明したProperty values objectを見ながら手動で設定してみました。この中でRichText objectが含まれる部分は、辞書や配列が入り混じるため、正しく記述することはかなり難しいと思います。次節からは、この部分をNotionRubyMappingの dry_run 機能を使って省力化する方法を解説します。

SAMPLE CODE

```
# スプレッドシートの最終行のデータを取得
function getLine() {
  const sheet = getSheet()
  const line = sheet.getLastRow()
  return  sheet.getRange("B" + line + ":G" + line).getValues()[0]
}

# Payload を作成
function createPayload(values) {
  const tags = values[4].split(", ").map(s => ({["name"]: s}))
  return {
    "parent": {
```

04

Google Apps Scriptによる応用

```
      "database_id": databaseID(),
    },
    "properties": {
      "Request": {
        "title": [
          {
            "type": "text",
            "text": {
              "content": values[1]
            }
          }
        ]
      },
      "Keyword": {
        "rich_text": [
          {
            "type": "text",
            "text": {
              "content": values[2],
              "link": {
                "url": values[0]
              }
            }
          }
        ]
      },
      "Contributor": {
        "rich_text": [
          {
            "type": "text",
            "text": {
              "content": values[5]
            }
          }
        ]
      },
      "Link": {
        "url": values[0]
      },
      "Kind": {
        "select": {
          "name": values[3],
        }
```

```
    },
    "Tags": {
      "multi_select": tags
    }
  }
 }
}

# Form データを Notion に送付
function updateForm() {
  createPage(createPayload(getLine()))
}
```

　この他に153〜155ページにある次の関数が必要となります（ **createPage** から下の
ものは依存関係で必要になるものです）。

- getSheet
- databaseID
- createPage
- sendNotion
- notionAPIKey
- notionVersion
- scriptPropertyFor

Notionへの登録のテスト

　この段階でまずスプレッドシートのデータからNotionデータベースに登録できるか
をテストしておきます。問題を切り分けできるようにするためです。テストで登録した
フォームデータがスプレッドシートの一番下の行に登録されていることを確認した上で、
updateForm 関数を実行してみます。

　1度目の実行では、Googleから権限のチェックが入る場合があります。ダイアログに
従って許可してください。うまくコードが記述できていれば、Notionにページが登録され
ていることがわかります。うまく動作しなかった場合には、コンソールに表示されているロ
グを確認しましょう。

フォーム送信時のトリガーの設定

　ここまで来れば、フォーム送信時にこのプログラムを自動実行するように設定するだけ
です。GASではさまざまなトリガーを設定することができます。一番右のメニューで「トリ
ガー」を選択すると、すでに設定されているトリガー一覧が表示されます。ここではすで
に登録済みのトリガーが1つ表示されています。新規にトリガーを追加する場合には、右
下の「トリガーを追加」ボタンをクリックします。

●トリガー一覧

下図はすでに設定済みのトリガーの編集画面です。新規の場合もほぼ同じ画面です。

●トリガーの設定

次のように設定します。

●設定内容

項目	説明
実行する関数	「updateForm」を選択する
イベントのソースを選択	「スプレッドシートから」を選択する
イベントの種類を選択	「フォーム送信時」を選択する
エラー通知設定	自分の好きなものを選択する

▓ テストの実行

　以上で設定は完了です。Google Formから送信を実施して、正しくNotionにデータが登録されることを確認してください。

　もし、エラーが発生した場合には、一番右のタブで「実行数」を表示してみてください。ここにエラーが表示されているはずです。

Googleカレンダーから
タスクを作成するアプリ

2022年3月のBlock by Blockにて、Googleカレンダーのイベントが同期データベースとしてNotionからアクセスできるようになると予告されています。本書を執筆段階ではまだ実装されていないので、本節ではGoogleカレンダーのイベントが作成されたらNotionのタスクページを作成する例を説明します。

▌▌タスクデータベースの作成

テンプレートページにサンプルタスクデータベースを用意しています。テスト用にこれを使ってもらっても構いません。タスクデータベースは最低限、次の2つのプロパティが存在すればよいです。

●必要なプロパティ

プロパティ	説明
タイトル	この例では「タスク名」というプロパティ名としている
日付プロパティ	この例では「日付」というプロパティ名としている

これ以外のプロパティはGASからはアクセスしないので、ステータスなどの他のプロパティは必要に応じて追加してください。なお、すでに自分で使っているタスクデータベースがあれば、それを使ってもらっても構いません。ただし、その場合には自分のデータベースのプロパティ名に合わせて、後述のスクリプトのプロパティ名を修正してください。

作成が終わったら `database_id` をテンプレートに記録しておきます。また、タスクデータベースに利用するインテグレーションキーをコネクトするのを忘れないでください。

▌▌Google Calendar APIの有効化

Googleカレンダーのデータを読み込むためには、Google Calendar APIが必要となります。普段利用しているアカウントはAPIなどのさまざまな設定をすでに実施してしまっているため、本書用にほとんど何も設定していないアカウントを1つ用意しました。まだ何も設定していない人は、同じような流れで設定できると思います。

まず、Google Calendar APIを設定するためにGoogle Cloud Platformにアクセスします。

- Google Cloud Platform
  URL https://console.developers.google.com/apis/

はじめてこのページにアクセスすると利用規約の同意画面になります。チェックボックスをONにして「同意して実行」をクリックします。

●利用規約の同意画面

Google Cloud

KOBAYASHI Hiroyuki へようこそ

Google Cloud のインスタンス、ディスク、ネットワークなどのリソースを 1 か所で作成
し、管理します。

国

```
日本                                                                    ▼
```

利用規約

☑ 私は、Google Cloud Platform の利用規約、および適用されるサービスと
API の利用規約に同意します。

最新情報に関する通知メール

☐ Google Cloud や Google Cloud パートナーから、ニュース、プロダクトの
更新情報、スペシャル オファーに関するメールを定期的に受信すること
を希望しますか。

```
                                                              同意して続行
```

ページを開いたら、左のタブから「ライブラリ」を選択します。その後、検索からGoogle
Calendar APIを選択し、「有効にする」をクリックします。自分のアカウントからのアクセス
になるので、認証情報などを追加する必要はありません。

●Google Calendar API

```
←
```

Google Calendar API

Google Enterprise API

Manage calendars and events in Google Calendar.

```
有効にする      この API を試す ↗
```

GAS環境の準備

Google Spreadsheetを新規に用意し、Apps Scriptを起動します。名前は「Google CalendarNotion」としてみました。今回は、先ほど有効に設定したGoogle Calendar APIサービスを追加します。「サービス」の右の「+」をクリックし、サービスを追加ダイアログにて「Google Calendar API」を追加します。

●サービスの追加

III Googleカレンダーの準備

Notionと同期する専用のGoogleカレンダーを準備します。筆者は「Notion」というカレンダーを用意しました。すでに使っているカレンダーがあればそのカレンダーでも結構です。次に、Web上のGoogleカレンダーにおいて、作成したカレンダーの「設定と共有」を選択し、設定画面を表示します。下のほうにスクロールすると、「カレンダーの統合」という欄があります。そこにカレンダーIDが表示されているので、コピーしてテンプレートに記録してください。

●カレンダーIDの取得

カレンダーの統合

カレンダー ID

██@group.calendar.g
oogle.com

取得したカレンダーIDと先ほどのタスクデータベースIDは次のようにGASのスクリプトプロパティに登録します。また、**NOTION_API_KEY** と **NOTION_VERSION** も設定しておいてください。

●スクリプトプロパティの設定

スクリプト プロパティ

スクリプト プロパティを使用すると、特定のオブジェクト インスタンスに対して簡単にカスタム プロパティを定義および公開できます。詳しくは、スクリプト プロパティに関するドキュメントをご覧ください。

プロパティ	値
CALENDAR_ID	███████████████████████████
DATABASE_ID	33a3ea2f301f46d781a5cdcb8dc90231
NOTION_API_KEY	secret_█████████████████
NOTION_VERSION	2022-06-28

▍▍▍カレンダー認証

あらかじめ、153~155ページの次の関数をコピーしておいてください。

- scriptPropertyFor
- notionAPIKey
- notionVersion
- databaseID
- saveScriptPropertyTo
- sendNotion
- updatePage
- createPage

Googleカレンダーからイベントを取得する場合には、同期トークン(**syncToken**)というものを利用します。次のイベント取得時には、この同期トークン以降の変更分のみを取得したいためです。この同期トークンはスクリプトプロパティとして保存しておきます。

最初に現在のカレンダーの同期トークンを取得し、プロパティに保存しておきます。またこれは、GASからのカレンダーに対して認証を手動で実行するためでもあります。次のコードを記述し、最後の **readCalendar** を実行してください。

SAMPLE CODE

```
// CALENDAR_ID を取得
function calendarID() {
  return scriptPropertyFor("CALENDAR_ID")
}


// 前回保存したカレンダーのSyncTokenを取り出す、前回保存分がない場合は今回の
SyncTokenを利用する
function getSyncToken(calendar_id) {
  const token = PropertiesService.getScriptProperties().getProperty("SYNC_
TOKEN")
  if (token) {
    return token
  }
  const events = Calendar.Events.list(calendar_id, {"timeMin": (new Date()).
toISOString()})
  return events.nextSyncToken
}


// SyncTokenをプロパティに保存する
function saveSyncToken(token) {
  saveScriptPropertyTo("SYNC_TOKEN", token)
}
```

▼

04

Google Apps Scriptによる応用

```
// 初回認証のためだけのテスト呼び出し関数 -> 現在の SYNC_TOKEN を保存
function readCalendar() {
  const token = getSyncToken(calendarID())
  saveSyncToken(token)
  console.log(token)
}
```

実行すると次のような流れで認証がかかります。

❶「承認が必要です」と表示されるので「権限を確認」をクリックします。

●「権限を確認」をクリック

承認が必要です

このプロジェクトがあなたのデータへのアクセス権限を必要としています。

キャンセル　　　　　権限を確認

❷「このアプリはGoogleで確認されていません」と表示されますが、左下の「詳細」をクリックします。

●「詳細」をクリック

⚠

このアプリは Google で確認されていません

アプリが、Google アカウントのプライベートな情報へのアクセスを求めています。デベロッパー（▬▬▬▬▬▬▬▬▬）と Google によって確認されるまで、このアプリを使用しないでください。

詳細　　　　　　　　　　　　　　　安全なページに戻る

04
Google Apps Scriptによる応用

01
02
03
05
06

❸ デベロッパーを信頼できるか確認されるので、「GoogleCalendarToNotion(安全では
ないページ)に移動」をクリックします。

◉「GoogleCalendarToNotionに移動」をクリック

リスクを理解し、デベロッパー (▓▓▓▓▓▓▓▓▓▓) を信頼できる場合のみ、続行し
てください。

GoogleCalendarToNotion (安全ではないページ) に移動

❹ 「カレンダーの予定を表示」の許可が求められるので、「許可」をクリックします。

◉「許可」をクリック

権限の許可が完了すると実行ログに同期トークンが表示されます。また、その同期トー
クンはスクリプトプロパティにも保存されていることが確認できます。

```
プロパティ
SYNC_TOKEN

値
████████████████████████████████
```

▌▌カレンダーイベントによるトリガー

カレンダーからは数種類のイベントが発生しますが、それらに対して次のような対応をしようと思います。

1 イベント作成時：Notionページを作成します。作成されたページIDはdescriptionの最終行に記録しておきます。

2 イベント更新時：イベントのdescriptionに記録されたIDを用いて、該当するNotionページを更新します。

3 イベント削除時：連動して消すことも可能ですが、怖いので何もしないことにします。

これを実現するために、イベントの日付をNotionのDate propertyのフォーマットに変換する関数 eventToDateHash を作成します。時間指定イベントの場合はdateTimeでstartとendを設定し、終日イベントの場合にはdateを取得します。Googleカレンダーの場合、終日イベントの終了日は最終日の翌日が設定されます。このため、終了日から1日引いた日付を作成し、開始日と同じ文字列になった場合には、endを設定しないという工夫をしています。また、削除したイベントは日付が存在しないので、デフォルトの **null** が返ります。

SAMPLE CODE

```
// カレンダーイベントから日付の hash を作成
// (削除時にも呼ばれるので、イベントに日付が設定されていなければ null を返却)
function eventToDateHash(e) {
  let hash = null
  if ("dateTime" in e.start) {
    hash = {
      "start": e.start.dateTime,
      "end": e.end.dateTime
    }
  }
  if ("date" in e.start) {
    const sday_str = e.start.date
    hash = {
      "start": sday_str
    }
    let eday = new Date(e.end.date)
    eday.setDate(eday.getDate() - 1)
    const eday_str = eday.toISOString().split('T')[0]
```

▼

```
    if (sday_str != eday_str) {
      hash["end"] = eday_str
    }
  }
  return hash
}
```

イベントからDate propertyのフォーマットが取得できたので、更新用のpayloadを作成します。前節では手動でpayloadを作成しましたが、今回はNotionRubyMappingを使ってみましょう。自分のターミナル上で、NotionRubyMappingの初期化をした後で、次のスクリプトを実行してみます。このスクリプトでは、登録済みのテストページを変更する作業をdry_runすることで、送信したいpayloadデータの形状を確認しています。

```
# データベースを取得
db = Database.find "https://www.notion.so/hkob/33a3ea2f301f46d781a5cdcb8dc9
0231?v=b1e5f0dc7f644d9abf63bc695788c4e1"

# ページを 1 つだけ取得
page = db.query_database.first

# 変更したいプロパティを更新
page.properties["日付"].start_date = Date.today
page.properties["タスク名"][0].text = "abc"

# 保存の代わりに変更スクリプトを作成
print(page.save(dry_run: true))
#!/bin/sh
curl -X PATCH 'https://api.notion.com/v1/pages/ba5dc32dc3c746f897de35fa46a1
1c48' \
  -H 'Notion-Version: 2022-06-28' \
  -H 'Authorization: Bearer '"$NOTION_API_KEY"'' \
  -H 'Content-Type: application/json' \
  --data '{"properties":{"日 付":{"type":"date","date":{"start":"2022-11-
29","end":null,"time_zone":null}},"タスク 名":{"type":"title","title":[{"typ
e":"text","text":{"content":"abc","link":null},"plain_text":"abc","href":nu
ll,"annotations":{"bold":false,"italic":false,"strikethrough":false,"underl
ine":false,"code":false,"color":"default"}}]}}}'=> nil
```

上記スクリプトの **--data** 以降がUpdate a pageのpayloadになります。ここでproperty value objectの場合には、**type** キー値や、値のない **link** や **href** 、デフォルトの **annotations** などは省略可能です。この結果、タイトル文字列を **title** 、日付を **date_hash** で受け取る **updatePayload** 関数は次のようになります。

SAMPLE CODE

```
// title と date_hash から update payload を作成
function updatePayload(title, date_hash) {
  return {
    "properties": {
      "日付": {"date": date_hash},
      "タスク名": {"title": [{"text": {"content": title}}]}
    }
  }
}
```

同様にページを追加用のpayloadもNotionRubyMappingに教えてもらいます。

```
print(db.create_child_page(dry_run: true) { |_, pp| pp["タスク　名"] << "abc"; pp["日付"].start_date = Date.today })
#!/bin/sh
curl -X POST 'https://api.notion.com/v1/pages' \
  -H 'Notion-Version: 2022-06-28' \
  -H 'Authorization: Bearer '"$NOTION_API_KEY"'' \
  -H 'Content-Type: application/json' \
  --data '{"properties":{"日　付":{"type":"date","date":{"start":"2022-11-29","end":null,"time_zone":null}},"タスク 名":{"type":"title","title":[{"type":"text","text":{"content":"abc","link":null},"plain_text":"abc","href":null}]}},"parent":{"database_id":"33a3ea2f301f46d781a5cdcb8dc90231"}}'=> nil
```

こちらも **updatePayload** とほぼ変わらず、**parent** キー値が増えただけでした。これを踏まえて **createPayload** 関数を追加します。

SAMPLE CODE

```
// title, date_hash から create payload を作成
function createPayload(title, date_hash) {
  return {
    "parent": {"database_id": databaseID()},
    "properties": {
      "日付": {"date": date_hash},
      "タスク名": {"title": [{"text": {"content": title}}]},
    }
  }
}
```

最後に、イベントを受け付け、詳細にidが記録されていたら既存ページを更新し、されていなければ新規ページを作成する **doCalendarPost** 関数を記述します。

```
// カレンダーイベントが変更されたら呼ばれるメソッド
function doCalendarPost(event) {
  // カレンダーIDの取得
  const calendar_id = calendarID()
  // 前回実行時に取得したカレンダーTokenの取得
  let token = getSyncToken(calendar_id)
  // Token から後のカレンダーを取得
  const events = Calendar.Events.list(calendar_id, {"syncToken": token})
  // ステータスを見て登録、もしくは更新の予定のみにフィルタリング
  const filtered_items =
    events.items.filter(e => { return e.status == "confirmed" })
  // 今回のTokenを保存する(次回のScript実行時に利用)
  saveSyncToken(events.nextSyncToken)

  filtered_items.forEach(e => {
    const descriptions = (e.description || "").split("\n")
    const dlen = descriptions.length
    let exist = false
    let id = "-"
    // 行が存在する場合
    if (dlen > 0) {
      // 最後の行を取得
      const last_line = descriptions[dlen - 1]
      // id を取得
      const ids = last_line.match(/^id:(.*)$/)
      // 取得できた場合
      if (ids != null && ids[1].length > 31) {
        // 取得した id
        id = ids[1];
        exist = true
      }
    }
    // イベント日付を取得
    const date_hash = eventToDateHash(e)
    // イベントに日付がある場合だけ実施
    if (date_hash) {
      // 存在した場合は update
      if (exist) {
        const payload = updatePayload(e.summary, date_hash)
        updatePage(id, payload)
      } else {
        const payload = createPayload(e.summary, date_hash)
```

Google Apps Scriptによる応用

```
    const ans = createPage(payload)        ▼
    id = ans["id"]
    // 作成したページの id をイベントに追加
    descriptions.push("id:" + id)
    e.description = descriptions.join("\n")
    Calendar.Events.patch(e, calendar_id, e.id)
    }
  }
 })
}
```

▌▌テスト実行

このスクリプトが動作することを確認するために、カレンダーに「テストタスク1」という新しいイベントを1つ登録します。その後、次のテスト関数を用意し、実行してみます。前回取得した同期トークン以降にイベントが追加されたので、そのイベントが **event** に取得できるはずです。そのイベントを作成したスクリプトに渡して動作確認を行います。

SAMPLE CODE

```
function test() {
  const calendar_id = calendarID()
  const token = getSyncToken(calendar_id)
  const events = Calendar.Events.list(calendar_id, {"syncToken": token})
  const event = events.items[0]
  doCalendarPost(event)
}
```

実行すると再度権限の確認が行われます。新しく外部サーバーへのアクセス権限の確認があるためです。途中のスクリーンショットは省略します。進めていくと次のように「外部サービスへの接続」も許可が必要となりました。

●再認証

GoogleCalendarToNotion に以下を許可します:

31 Google カレンダーを使用してアクセスできる ⓘ
すべてのカレンダーの表示、編集、共有、完全な削除

▶ 外部サービスへの接続　　　　　　ⓘ

　このまま実行すると、タスクデータベースにテストタスク1というタスクが追加されました。また、Googleカレンダーのイベントを見ると、詳細テキストに「id:ページID」という文字列が追加されています。Create a page APIのほうはうまく動いているようです。

●GASによるページの追加

サンプルタスクデータベース

⊞ テーブルビュー ＋

Aa タスク名	🗓 日付
テストタスク	2022年11月29日
テストタスク1	2022年11月29日 午後 9:00-午後 10:00

●GASによるカレンダー詳細テキストの登録

　次にUpdate a page APIのほうも確認します。上記タスクの時間を変更してみます。その後で再度、**test** 関数を実行すると、同期しているNotionページの時間も変更されていることがわかります。

●カレンダーの時間変更

●GASによるページ更新

サンプルタスクデータベース

⊞ テーブルビュー ＋

Aa タスク名	🗓 日付
テストタスク	2022年11月29日
テストタスク1	2022年11月29日 午後 10:00-午後 11:00
＋ 新規	

計算 ∨

⫸ カレンダーの変更をトリガーに設定

　スクリプトが記述できたので、カレンダー変更時にこの関数が呼ばれるように設定します。左側の時計マークの「トリガー」をクリックすると現在設定されているトリガー一覧が表示されます。現在、トリガーは1つも登録されていないので、右下の「トリガーを追加」で最初のトリガーを設定します。

●トリガー一覧

トリガー設定は次のように設定します。

◉設定内容

項目	設定内容
実行する関数	doCalendarPost
イベントのソースを選択	カレンダーから
カレンダーのオーナーのメールアドレス	すでに設定したcalendar_id

◉カレンダートリガーの設定

GoogleCalendarToNotion のトリガーを追加

doCalendarPost ▼

毎日通知を受け取る ▼

実行するデプロイを選択

Head ▼

イベントのソースを選択

カレンダーから ▼

カレンダーの詳細を入力

カレンダー更新済み ▼

カレンダーのオーナーのメールアドレス
b@group.calendar.google.com

キャンセル   保存

保存をクリックすると設定は完了です。

◉設定済みトリガー一覧

トリガー					1個のトリガーを表示しています
＋ フィルタを追加					
オーナー	前回の実行	導入	イベント	関数	エラー率
自分	-	Head	カレンダー - 変更済み	doCalendarPost	-

▌▌▌動作確認と今後の応用

　すでに手動で動作確認ができているので、後はGoogleカレンダーでトリガーがかかる
かを確認するだけです。適当なイベントを作成したり、イベントを編集したりしてNotionの
タスクデータベースが変更されるかどうかを確認してください。

　ただし、Notion側の変更を確認する処理は記述していないので、Notion側の時間
を書き換えてもGoogleカレンダー側は変更されません。現状ではNotionページの更新を
知る術がないので、定期的にページをスキャンし続けるしかありません。APIにoutgoing
webhookの仕組みが入ることを期待したいですね。GAS側で時間ベースのトリガーを
かけることができるので、定期的にデータベースをチェックし、更新されたものがあれば
Googleカレンダー側のイベントを変更することはできます。応用課題としてやってみてもい
いかもしれません。その際には、カレンダーIDの情報をNotion側のテーブルに入れること
を忘れないようにしてください。

Slack連携アプリ

本節では、GASをWebアプリ化して、外部のツールから呼び出す方法を解説します。今回は、例としてSlackのリアクションをしたときに、そのメッセージをNotionに登録するSlackアプリを紹介します。

SlackToNotionの概要

2022年にSlackのプラン変更があり、無料プランの場合は90日より前のメッセージにアクセスできなくなりました（以前は件数での制限でした）。この変更により、無料プランで使われるSlackはフロー情報を取り扱う場所という使い方に変わってきました。

企業で用いられる場合、課金をすることでこの制約を取り除くことができます。しかし、Slackはコミュニティ運営などにも使われており、このような用途では課金することは難しいです。多くのコミュニティでは、Slackの情報をNotionにリンクプレビューすることでストックする運用が行われているようです。リンクプレビューにした場合、Notionがプレビュー情報をキャッシュするため、90日経ってもメッセージの内容が消えることはありません。

2022年末にNotionのSlack連携が強化され、SlackからNotionデータベースに直接ページを追加できるようになりました。作成されたページの中には上記リンクプレビューが設置されています。

Slackのプラン変更の直後に、私が所属している「Notionしゅふ会」でもストック情報の取り扱いについて議論がありました。運営側も忙しいので、なるべく単純な作業で情報をストックしたいという要望があり、次のような仕様にしました。

1 特定のリアクションが行われたときに、Slackの内容をデータベースに登録する。

2 作成するページタイトルはメッセージの1行目とし、ページ内には全部のテキストを記述する。

3 箇条書きなどのテキストもできる限り、同じ状態でページ化する。

4 Twitterのembedが多く行われるので、それをNotion側でもembedする。

この仕様のもとで作ったものがSlackToNotionです。現在でも「Notionしゅふ会」のSlackでは、現役で運用されています。本節では、この中でGASと外部アプリを連携する部分である 1 について解説します。一方、2 から 4 の部分はかなり複雑なので、説明は省略します。この部分については、次のテンプレートから取得できるスクリプトを参照してください。

- Slack to Notion テンプレート

  URL https://www.notion.so/
  Slack-to-Notion-96d1bff918264855a8918a7930ecf71b

III GASのWebアプリ化

これまでスプレッドシートの更新やカレンダーの更新をGASのトリガーとして利用してきました。今回は、Slackのリアクションで動作させたいため、GASをWebアプリ化することで対応します。Webアプリにする際には、外部からアクセスされるための関数を用意します。POSTを受ける関数の場合には、**doPost** という名前の関数が呼ばれます。SlackToNotionの **doPost** 関数は次のようになっています。

SAMPLE CODE

```
function doPost(e) {
  const reactionType = "pushpin"
  const json = JSON.parse(e.postData.contents)
  if (json.type == "url_verification") {
    return ContentService.createTextOutput(json.challenge)
  } else {
    const botToken = slackBotToken(json.token)
    if (botToken && json.event.reaction == reactionType) {
      createNotionPage(json, reactionType, botToken)
    }
  }
  return ContentService.createTextOutput("Ok")
}
```

POSTで渡されたアプリの入力はJSONで渡されるので、最初に **JSON.parse** にてJavaScriptのオブジェクトに変換しています。受け取ったJSONの内容に従って、2つの異なる処理が行われます。

1つ目はアプリのURLを認証する部分です。 **type** として **url_verification** が送られてきたときに、JSON内の **challenge** テキストをそのまま返します。これは、Slack APIがアプリの有効性を調べるために必要となるものです。

2つ目は本来のリアクションに対する処理です。Slack側のBot User OAuth Tokenが取得できたら、リアクションタイプが一致することを確認した上で、Notionページを作成します。処理が終わったら、**Ok** という文字列を返却することで、Slackに処理が正しく完了したことを伝えます。Slack APIでは3秒以内にこの応答を返却する必要があるため、GAS側であまり複雑な処理を実行することはできません。どうしても重たい処理を実施したい場合には、スプレッドシートに記録するなどして、トリガーによる非同期処理をする必要があります。

GASスクリプトを外部から実行できるようにするためには、スクリプトをデプロイする必要があります。スクリプトをデプロイするには、GASの編集画面において、「デプロイ」プルダウンメニューから「新しいデプロイ」を選択します。

● 「デプロイ」プルダウンメニュー

「新しいデプロイ」の画面になったら、「ウェブアプリ」を選択し、「説明」を記述します。アクセスできる人は「全員」にしておきます。

● 新しいデプロイ

デプロイに成功すると「ウェブアプリ」のURLが表示されます。このURLをSlackから呼び出すことになります。このURLをコピーして記録しておきます。

●「ウェブアプ」のURL

ウェブアプリ

URL

https://script.google.com/macros/s/▇▇▇▇▇▇▇▇▇▇▇▇▇▇▇▇▇▇▇▇▇▇▇

▢ コピー

なお、この作業はGASのスクリプトを更新したら再度実行する必要があります。

Slack Appの設定

Slack側ではSlack Appを作成します。これはSlack APIのページで作成します。

- Slack API: Applications | Slack
  URL https://api.slack.com/apps?new_app=1

「Your Apps」という画面が出るので、「Create an App」をクリックします。

●アプリ管理ページ

Your Apps

> ⊘ Your application has been deleted.

Build something amazing.

Use our APIs to build an app that makes people's working lives better. You can create an app that's just for your workspace or create a public Slack App to list in the App Directory, where anyone on Slack can discover it.

Create an App

Your App Configuration Tokens
Learn about tokens

Generate Token

Don't see an app you're looking for? Sign in to another workspace.

Google Apps Scriptによる応用

「Create an app」の画面では、「From scratch」を選択します。

◉アプリの作成画面

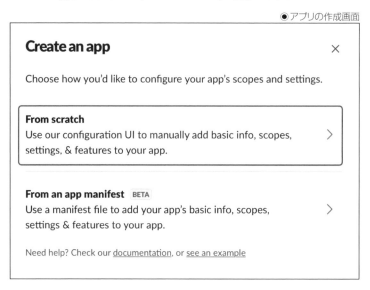

アプリの名前を「SlackToNotion」とし、使用するワークスペースを選択した上で、「Create App」をクリックします。

◉名前設定とワークスペースの検索

次にイベントの設定を行います。ここで、「Event Subscription」をクリックします。

◉アプリの基本情報

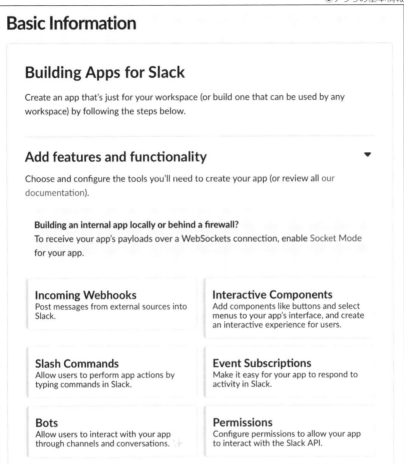

この画面で「Enable Events」をONにします。

◉イベント登録画面

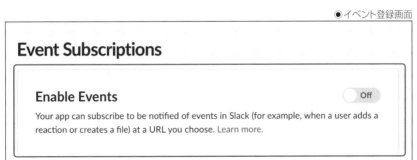

　「Request URL」が問われるので、GASで作成した「Web app」のURLを登録します。登録するとSlack側からChallenge応答が行われ応答確認が行われます。GASで作成した **doPost** 関数で、チャレンジ応答の対応をしているので、無事、**Verified** となります。

●「Web app」の登録

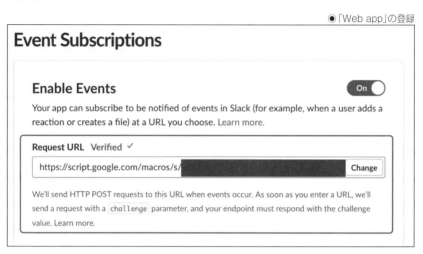

　その後、「Add Bot User Event」をクリックし、「reaction_added」を追加します。これで、リアクションをしたときにイベントが発生します。

●リアクションイベントの登録

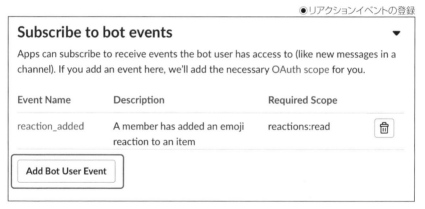

　次にGASからその他の情報を取得するための権限を追加します。左側のメニューから「OAuth & Permissions」をクリックします。

●Slackアプリのメニュー

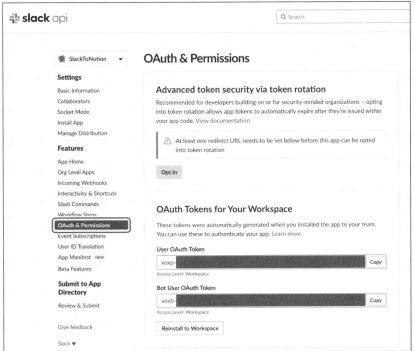

　ここで、GASからSlack内の情報にアクセスできるように、「Bot Token Scopes」の「Add an OAuth Scope」にて次の権限を追加します。

- channels:history
- channels:read
- reactions:read
- team:read
- users:read

設定すると次の画面のようになります。

● GASからアクセスできる情報の権限付与

Scopes

A Slack app's capabilities and permissions are governed by the scopes it requests.

Bot Token Scopes ▼
Scopes that govern what your app can access.

OAuth Scope	Description	
channels:history	View messages and other content in public channels that SlackToNotion has been added to	🗑
channels:read	View basic information about public channels in a workspace	🗑
reactions:read	View emoji reactions and their associated content in channels and conversations that SlackToNotion has been added to	🗑
team:read	View the name, email domain, and icon for workspaces SlackToNotion is connected to	🗑
users:read	View people in a workspace	🗑

Add an OAuth Scope

User Token Scopes ▼
Scopes that access user data and act on behalf of users that authorize them.

OAuth Scope	Description
You haven't added any OAuth Scopes for your User token.	

Add an OAuth Scope

　ここまで設定が終わったら、ワークスペースにアプリをインストールします。「Install App」タブをクリックし、「Install to Workspace」をクリックします。権限確認の後に認証すると、自動的に「OAuth Tokens for Your Workspace」というページにリダイレクトされます。

リダイレクトされたページにある「Bot User OAuth Permissions」を記録します。この
トークンはSlackの情報に外部からアクセスするためのキーです。

◉Bot UserのためのTokenを取得

Installed App Settings

OAuth Tokens for Your Workspace

Also viewable in OAuth & Permissions

Bot User OAuth Token

| xoxb-▇▇▇▇▇▇▇▇▇▇▇▇▇▇▇▇▇▇▇▇▇ | Copy |

Access Level: Workspace

Reinstall to Workspace

さらに「Basic Information」のタブを開き、「App Credentials」の中にある「Verification
Token」を記録しておきます。このトークンはSlackから正しいリクエストであることを示すため
に使われます。

◉Slackから渡されるTokenの取得

Verification Token

| ▇▇▇▇▇▇▇▇▇▇▇▇▇ | Regenerate |

This deprecated Verification Token can still be used to verify that requests come from Slack, but we
strongly recommend using the above, more secure, signing secret instead.

▌▌▌ GASスクリプトプロパティの設定

　これまでのアプリでは直接設定画面のGUIでスクリプトプロパティを入力していました。一方、SlackToNotionのスクリプトでは **storeTokenAndIds** という関数を用意しています。

　この関数内にスクリプト内に設定すべき項目が一覧で提示されるため、スクリプトプロパティの設定忘れの防止になります。たまにしか設定しないアプリや他人に配布するアプリの場合には、こちらのほうが安心です。

　ここでは、データベースのIDやインテグレーションキーの他に、**VERIFICATION_TOKEN** をキーとし、**BOT_USER_OAUTH_TOKEN** を値に持つスクリプトプロパティも設定しています。

SAMPLE CODE

```
function storeTokenAndIds() {
  const scriptProperties = PropertiesService.getScriptProperties()
  scriptProperties.setProperties({
    // "VERIFICATION_TOKEN1": "BOT_USER_OAUTH_TOKEN1",
    // "VERIFICATION_TOKEN2": "BOT_USER_OAUTH_TOKEN2",
    // "VERIFICATION_TOKEN3": "BOT_USER_OAUTH_TOKEN3",
    "@@@ Paste your verification token in Sec.10 @@@@": "@@@ Paste your Bot
User OAuth Token in Sec. 10 @@@",
    "MY_NOTION_TOKEN": "@@@ Paste your Integration token @@@",
    "DATABASE_ID": "@@@ Paste your database_id like as 771391e755c245b2a312
90f40f187ab9 @@@"
  })
  // Confirm that the above registration was successful
  const properties = PropertiesService.getScriptProperties().getProperties()
  for (let key in properties) {
    console.log(key + " = " + properties[key])
  }
}
```

　このトークンは上で説明した **doPost** 関数の中で、**const botToken = slackBotToken(json.token)** として取得されています。この **botToken** はSlackからデータを取得する **sendSlack** という関数で利用されています。

SAMPLE CODE

```
function sendSlack(url, botToken) {
  const options = {
    "headers": {
      "Content-type": "application/json; charset=utf-8",
      "Authorization": "Bearer " + botToken
    }
```

▼

```
    }
    return JSON.parse(UrlFetchApp.fetch(url, options))
}
```

　この関数を使って、Slackからメッセージ、ユーザー名、チャンネル名、チーム名を取得できます。

SAMPLE CODE

```
function getSlackMessage(channel, ts, botToken) {
  return sendSlack("https://slack.com/api/conversations.replies?channel=" +
channel + "&ts=" + ts + "&limit=1", botToken)
}

function getUserDisplayName(user_id, botToken) {
  const profile = sendSlack("https://slack.com/api/users.info?user=" + user_id,
botToken).user.profile
  return profile.display_name == "" ? profile.real_name : profile.display_name
}

function getChannelName(channel_id, botToken) {
  return sendSlack("https://slack.com/api/conversations.info?channel=" +
channel_id, botToken).channel.name
}

function getTeamName(botToken) {
  return sendSlack("https://slack.com/api/team.info", botToken).team.name
}
```

　これらの関数でSlackから取得したデータを使って、Notionにページ登録します。この部分はSlackのJSON object表現をNotionのBlock object表現に変換するだけなので、ここでは省略します。

　Slack、GAS、Notion間で実施されている処理の流れを、次のシーケンス図に示しました。SlackからReactionでトリガーがかかると、Slackからさまざまなデータを取得します。その後、取得した情報を使ってNotionにページを登録します。すべての処理が終わると、Slack に処理終了を報告するという流れです。

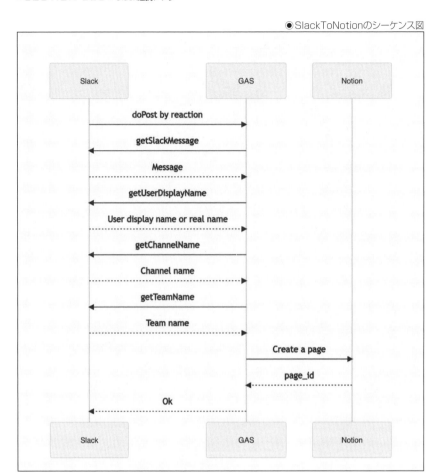

●SlackToNotionのシーケンス図

III SlackチャンネルへのAppの登録

　設定が完了したら、Slackチャンネルに作成したSlack Appを登録するだけです。ま
ず、登録したいチャンネルで詳細を表示します。

●チャンネル詳細の表示

ここで「Integrations」タブに移動し、「Add an App」をクリックします。

●チャンネルのインテグレーション

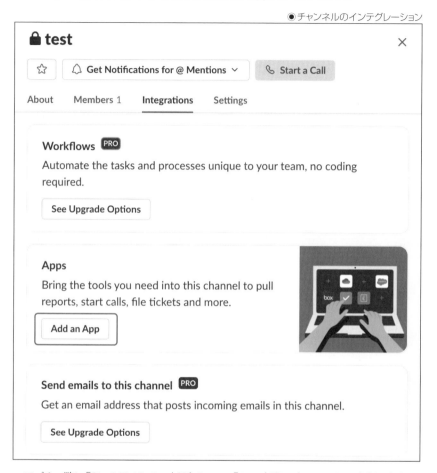

アプリ一覧に「SlackToNotion」があるので、「Add」ボタンをクリックして登録します。

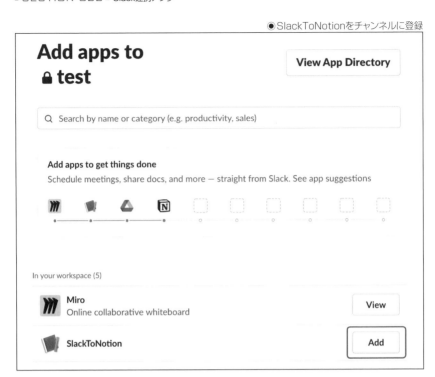

　以上で設定が完了です。Slackの保存したい記事で📌リアクションをすると、Notionデータベースにページが作成されます。

CHAPTER 05

ショートカットによる
応用

　モバイルデバイスはカメラや位置情報など、PCでは
扱いにくい情報を簡単に取り扱うことができます。これら
のデバイスでNotion APIを活用できると、さらに生活に
密着した情報をNotionに取り入れることができます。
　ここでは、Appleデバイスで簡単に利用できるショート
カットアプリによる応用を説明します。
　サンプルとして、声を使ったタスク登録アプリ、カメラ
を利用したレシート自動記録アプリを紹介します。

ショートカットアプリについて

本節では、具体的な応用に入る前に、ショートカットアプリの使い方を解説します。

■ ショートカットアプリとは

　Appleデバイスには「ショートカット」というアプリが存在します。これはiPhoneのiOS、iPadのiPadOSだけでなく、MacシリーズのmacOSでも利用可能なものです。ただし、デバイスによって、一部使えない機能が存在する場合があります。iCloudで同期するので、どのデバイスで記述しても問題ありませんが、macOSで作成するのが一番楽だと思います。本書でもmacOS版のショートカットアプリのスクリーンショットで説明します。

　ショートカットアプリはAppleデバイスのさまざまな機能を自動化することができます。プログラムをコードで記述するのではなく、アクションを連結する形で処理を記述します。作成したショートカットは、共有メニューから呼び出したり、macOSのサービスメニューから呼び出したり、キーボードショートカットから呼び出したりすることが可能です。機能は限られますが、Apple Watchからも呼び出すことが可能です。

■ ショートカットアプリの作成方法

　ここでは簡単なショートカットアプリを1つ作りながら操作方法を説明します。意味のないアプリを作っても仕方がないので、ページ作成者の `user_id` を取得するアプリを作ってみましょう。このアプリはNotionのページから共有で呼び出すと、そのページの作成者のidを表示するとともに、クリップボードに書き込むものです。完成形は次のようなものになります。これを1ステップずつ組み上げてみましょう。

●getUserIdDの完成形

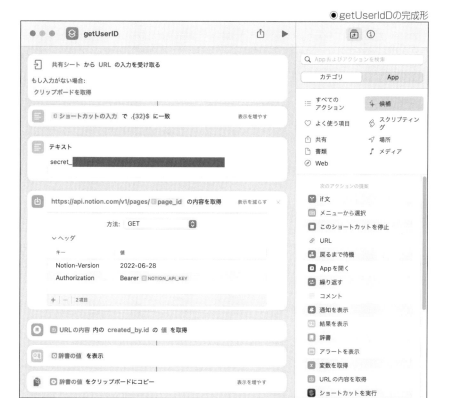

　まず、ショートカットアプリを立ち上げます。ここで「「+」をクリックするか、メニューから「新規ショートカット」を選択すると、新しいショートカット作成画面になります。右側のインスペクタ画面は2つのタブがあり、現在表示されている「アクション一覧」タブとアプリの設定を行う「情報」タブがあります。

● 新規ショートカット

最初に「情報」タブを開き、「共有シートに表示」をONにします。右側に入力受け取りのアクションが自動的に作成されます。今回はNotionやブラウザからページのURLを取得するので、「任意」の部分をURLのみに制限します。

● 「共有シートに表示」をクリック

「任意」の文字列部分をクリックするとメニューが表示されるので、「すべての選択を解除」してから「URL」のみをONにします。

●入力をURLに制限

初期状態だと、入力がない場合は「続ける」が選択されています。デバッグが楽になるので、入力がない場合に「クリップボードを取得」を選んでおきます。

●入力がない場合はクリップボードを取得

　URLの末尾には該当するページの `page_id` が含まれています。この `page_id` を取得するために「一致するテキスト」アクションを利用します。まず「アクション一覧」一覧タブに戻り、検索窓に「一致」とすることで絞り込みます。「一致するテキスト」が表示されたらダブルクリックするか、左にドラッグします。

　このとき、登録したアクションと前のアクションが線で結ばれていることがわかります。このように、アクションを登録するとほとんどの場合、1つ前のアクションの結果を受け取るように自動的に接続されます。次にURLの末尾32文字を取得するためのキーワードを正規表現で記述します。詳細は省略しますが、`.{32}$` とすることで末尾(`$`)の前の32個(`{32}`)の任意文字(`.`)にマッチさせることができます。この結果、URLから `page_id` を抽出することができます。アクションの結果は定数として記録され、後で利用することができます。

●一致するテキストを追加

　取得した `page_id` を使ってNotion APIからページデータを取得します。そのために、インテグレーションキーを登録する必要があります。このために「テキスト」アクションを登録します。ここにはページにコネクトしたインテグレーションキーを記載しておきます。

●インテグレーションキーのテキストを追加

次に「URLの内容を取得」アクションを追加します。そのまま追加すると1つ前のアクションを入力としてしまいます。これをRetrieve a pageのURLである `https://api.notion.com/v1/pages/page_id` の形に変更します。

●URLの内容を取得

まず、テキストの部分でマウスの右ボタンを押し、表示されるメニューから「消去」を選択します。消去されたら、`https://api.notion.com/v1/pages/` までをタイプします。

●消去を選択

pages/ の後ろにカーソル位置を合わせたところで、右ボタンをクリックします。表示されるメニューから「変数を挿入」とし該当するものを選択します。通常はこの中で「変数を選択」を選択し、上記で作成した `page_id` が入っている「一致するテキスト」アクションを選択します。今回は、用意されているアクションが少ないため、候補として「一致」が用意されています。直近に使ったものは候補に表示されるので、それを選ぶと操作が簡単になります。今回はこの「一致」定数を選びます。

●一致を追加

　選択すると次のようになり、想定していたRetrieve a pageのURLが完成します。アクションの結果の定数にはデフォルトでアクションの名前が設定されています。離れたアクションの結果を利用しているので、わかりやすさのために開いたダイアログの「変数名」の部分を `page_id` に変更しておきましょう。

●変数名を「page_id」に変更

　CHAPTER 04で説明したようにNotion APIの呼び出しには、メソッドの指定とNotion-VersionやAuthorizationなどのヘッダ情報が必要です。

●Notion APIの呼び出しに必要な情報

項目	説明
メソッド（方法）	Retrieve a pageの場合には「GET」
Notion-Versionヘッダ	現在の最新版は「2022-06-28」
Authorizationヘッダ	「Bearer secret_XXXXXXXXXXXXXXX」

　これらを設定するために「表示を増やす」から、方法の選択および上記の2つのヘッダを登録しましょう。ヘッダは下の「＋」をクリックすることで「キー」と「値」のペアを増やすことができます。インテグレーションキーは「テキスト」アクションに記録されているので、上記と同じ要領で「テキスト」定数を選びます。Bearerとインテグレーションキーの間にはスペースが必要なので、記入を忘れないでください。

05
ショートカットによる応用

●インテグレーションキーが入ったテキストを選択

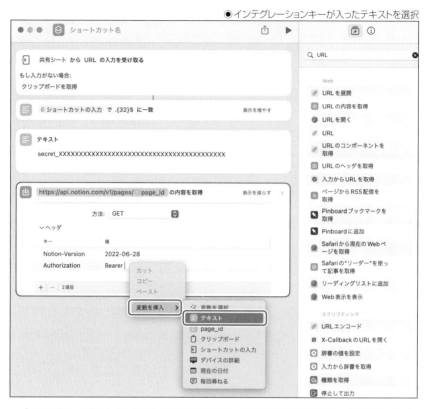

今回追加した「テキスト」の名前も「NOTION_API_KEY」に変更しておきましょう。わかりやすくなりますね。

●定数名を「NOTION_API_KEY」に変更

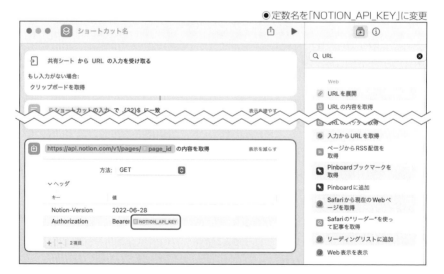

204

このアクションを実行すると、Notion APIから受領したJSONデータがショートカットの辞書として登録されます。51ページで説明したPage objectのJSONを確認すると、次のようになっています。今回取得したいのは、**created_by** キー値のオブジェクトの中の **id** キー値になります。

```
{
  "object": "page",
  "id": "2ad34ec4-c23c-4b14-9ef1-72904d63a6e2",
  "created_by": {
    "object": "user",
    "id": "2200a911-6a96-44bb-bd38-6bfb1e01b9f6"
  },
  (後略)
```

ここからの処理は直列作業なので一括で説明します。ショートカットアプリでは「辞書の値を取得」アクションを使って階層的に値を取得できます。今回の **user_id** は、**created_by** キーオブジェクト内の **id** キー値であるので、**created_by.id** として取得することができます。この結果を「結果を表示」アクションにより画面表示し、さらにクリップボードにもコピーします。これで完成です。

最後にこのショートカットの名前を一番上に設定しておきましょう。もとのものと区別するために、このショートカットでは「getUserID2」としてあります。

●「user_id」の取得と出力

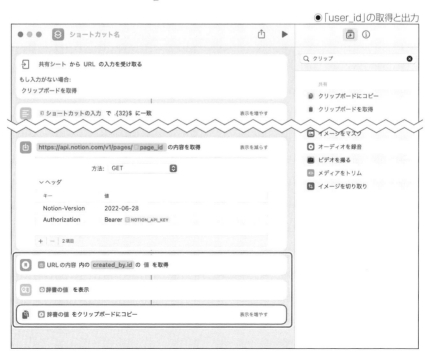

▓ テスト実行

このショートカットは共有メニューから呼び出されるものですが、ひとまずショートカットアプリ内で動作確認を行いたいです。今回、共有シートからデータが取得できなかった場合に、クリップボードから取得すると設定しておきました。そこで、ページ作成者の `user_id` を調べたいページにて、ページリンクを取得します。その後、ショートカットアプリの上部にある「▶」の実行ボタンをクリックするとショートカットが実行されます。次のようなURLアクセス権限の確認ダイアログが表示されたら、「常に許可」をクリックします。

●URLアクセスの許可

正しくショートカットが記述されていれば、次のように `user_id` がダイアログに表示されるはずです。

●取得された「user_id」

‖‖「読み込むための質問」の設定

作成したショートカットはiCloudリンクを共有することで他人に配布することができます。ただし、このまま配布してしまうと、秘匿すべきインテグレーションキーが他人に知られてしまうだけでなく、受け取ったユーザーもショートカットを自分で編集しなければなりません。このように個人ごとに異なる設定値をショートカット読み込み時に自動設定する仕組みが「読み込むための質問」として用意されています。

作成したショートカットアプリの「情報」タブを開き、さらに内側の「設定」タブを開きます。次に読み込むための質問欄の「＋」をクリックすると、左側の画面がパラメータ選択画面になります。ここで、インテグレーションキーを設定した「テキスト」アクションをクリックして選択します。

●パラメータの選択

次のような画面になるので、ユーザーに問い合わせる質問文を記入しておきます。ユーザーがショートカットを取り込んだときには、最初にこの質問が行われ、回答した内容がテキストの値として登録されます。これにより自分のインテグレーションキーが他人に漏れることはなくなります。

207

● 読み込むための質問

設定が完了したら共有ボタンから「iCloudリンクをコピー」とすることで、他人に配布するためのリンクを取得できます。便利なショートカットが作成できたら、ぜひ、他のユーザーにも共有しましょう。

● iCloudリンクをコピー

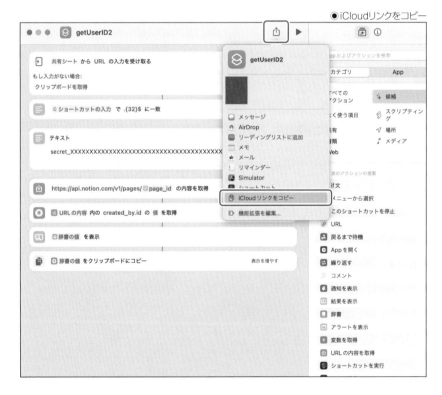

声でタスク登録アプリ

　本節では、iPhoneなどから音声を使ってタスク登録を実施するアプリを作成してみます。タスク管理は「ToDoリスト」ブロックを使う人とデータベースを使う人がどちらもいるので、それぞれのアプリを作ってみます。このアプリはNotionのテンプレートページ（下記URL）に申請して登録してもらっています。アプリ自体は下記のURLからもダウンロードできます。この節ではインテグレーションの作成方法やインテグレーションキーのコネクトなどの設定については省略します。詳細はテンプレート内の「設定方法 & 使い方」をご覧ください。

- ●声でタスク登録テンプレート

  `URL` https://www.notion.so/6f14408c68954ef580a0e90fe9694ba7

▎ ToDoリストによる音声タスク登録

　上記テンプレートの下のほうに、次のようなコールアウトがあります。ToDoリストによる音声タスク登録では、このコールアウトの子要素としてToDoリストブロックを追記します。

●タスクを登録するコールアウトブロック

> 今日のタスク
> ☐ 終わっていないタスク

　前節の解説を参考にしながら、ショートカットを構築していきましょう。まず「テキスト」を2つ用意します。それぞれ、インテグレーショントークンと上のコールアウトブロックの `block_id` です。`block_id` はブロックのURLの `#` より後ろになります。

```
https://www.notion.so/hkob/6f14408c68954ef580a0e90fe9694ba7#d072e48ad48b4d8
a88b56b9cd6a4c31b
```

　これらを設定すると次のようになります。今回、ショートカット名はタスク登録という名前にしています。これらのテキストには、それぞれ後で `NOTION_API_KEY`、`block_id` と付けることにします。

●「NOTION_API_KEY」と「block_id」

今回作成するToDoブロックのテキストは、音声で入力します。このToDoブロックを
Append block childrenで追加するためのpayloadを作成します。どういうpayloadを
作ればいいかは、NotionRubyMappingのdry_runで教えてもらいましょう。実行する
Rubyのスクリプトは次のようになります。

```
# コールアウトブロックを取得
cob = Block.find "d072e48ad48b4d8a88b56b9cd6a4c31b"

# ToDo ブロックを作成
tdb = ToDoBlock.new "abc"

# Append block children API 呼び出しを表示
print cob.append_block_children(tdb, dry_run: true)
#!/bin/sh
curl -X PATCH 'https://api.notion.com/v1/blocks/d072e48ad48b4d8a88b56b9cd6a
4c31b/children' \
  -H 'Notion-Version: 2022-06-28' \
  -H 'Authorization: Bearer '"$NOTION_API_KEY"'' \
  -H 'Content-Type: application/json' \
  --data '{"children":[{"type":"to_do","object":"block","to_do":{"rich_text
":[{"type":"text","text":{"content":"abc","link":null},"plain_text":"abc","
href":null}],"color":"default","checked":false}}]}'=> nil
```

上記の `--data` 以降がAPIに送信するpayloadです。abcの部分を音声で入力し
たテキストに置き換えればよいことになります。このJSONテキストを作成しましょう。GAS
の場合にはエディタが使いやすかったので、少しコンパクト化をしました。しかし、ショート
カットアプリはエディタが使いにくいので、余計なことをせず、このJSONテキストのままで
作成しましょう。

●payload JSONの作成

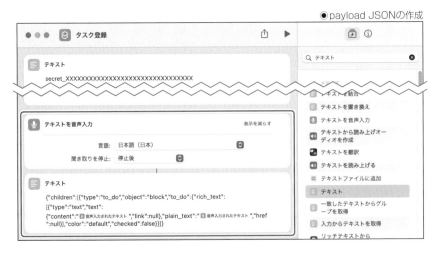

　JSONができてしまえば、dry_runのスクリプトの結果に合わせてAppend block children APIをPATCHで呼び出せばよいです。次のように設定します。

●設定項目

項目	説明
URL	「dry_run」のURLの「block_id」の部分を上記で設定した「block_id」(テキスト)に変更する。次のような段階で設定する。 ・「https://api.notion.com/v1/blocks/」までを貼り付ける ・カーソルを末尾に合わせ、右ボタンで「変数を選択」とし、「block_id」を示すテキストを選択する。 ・そのままだと「テキスト」と書かれているので、自分が後でわかりやすいように定数名を「block_id」としておく。 ・残りの「/children」を記述する。
方法	PATCHを選択する
ヘッダ	キーに「Content-Type」、値に「application/json」を追加する
本文を要求	「ファイル」を選択する
ファイル	上記で設定したpayloadテキストを選択する。これも後で名前をJSONにしておく。スクリプトの記述内容が、上記「JSONテキスト」と「URLの内容を取得」に完全にマッピングされていることを確認する

●Append block children APIの呼び出し

これでToDoブロックが先ほどのコールアウトに追加されます。そのことを確認できるように、コールアウトのあるページを表示してみます。ただし、Apple Watchの場合にはページ表示ができないので、除外する処理を書きます。「デバイスの状態を確認」アクションを使うと「デバイスがWatchである」ことを取得できます。その値を「if文」アクションで判定します。その他の場合のときのみ「URLを開く」アクションにより、ページ表示を行います。先ほど取得したブロックのURLの # の前までがページURLになります。

```
https://www.notion.so/hkob/6f14408c68954ef580a0e90fe9694ba7
```

もし、Notionアプリでなくブラウザで表示したい場合には、上記のURLを直接記述します。一方、このページをNotionアプリで開きたい場合には、次のように冒頭の `https` の部分を `notion` に変更しておきます。

```
notion://www.notion.so/hkob/6f14408c68954ef580a0e90fe9694ba7
```

この部分のショートカットは次のようになりました。これでショートカットは完成です。

●ページを開く処理

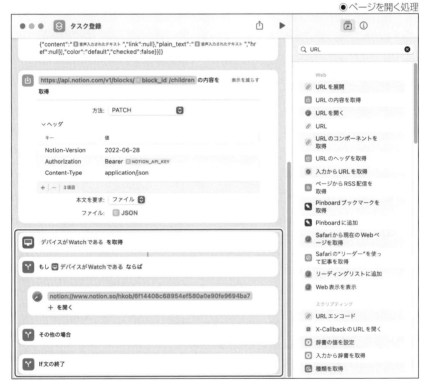

残りは右の「情報」タブでいくつかアプリケーションの設定をしておきます。もし、Apple Watchからも音声登録をしたい場合には、「Apple Watchに表示」をONにしておきます。

●Apple Watchに表示

　また、このショートカットを他人に渡すことも考えて、読み込むための質問も設定しておきましょう。

●読み込むための質問

　ここまでできたら、再生ボタンを押してテスト実行してみましょう。macOSでも音声入力が可能です。音声入力が完了すると、コールアウトブロックの子要素としてToDoブロックが追加されます。動作確認ができたら、iPhoneやApple Watchなどでも動作するかどうかを確認してみてください。

データベースに対する音声タスク登録

データベース版は、テンプレートの下部のトグル内に隠されている「タスク」というデータベースにタスクを登録します。

●タスクデータベース

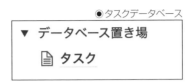

このタスクを開き、URLを取得すると次のような形式になります。データベースIDは `?v=` の前の部分になります。こちらのショートカットの目的は、このデータベースIDを親に持つページを追加することになります。

```
https://www.notion.so/hkob/345e60a60fce463b8c25c7e767315b09?v=9c3913c886ae4
2a199065f18f0dec169
```

ToDoブロック版と同様にショートカットを作成していきます。最初はToDoブロックと同様にインテグレーションキーと `database_id` になります。こちらもそれぞれ、「NOTION_API_KEY」と「database_id」という名前を後で設定します。

●「NOTION_API_KEY」と「database_id」

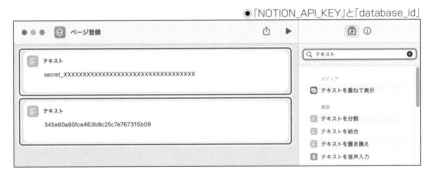

ここで、データベースにページを作成するAPIであるCreate a pageを呼び出します。こちらもpayloadをNotionRubyMappingで確認しましょう。NotionRubyMappingではProperty IDを使ったプロパティ指定は実装されていないので、タイトルのプロパティ名であるNameを使って記述します。

```
db = Database.find "345e60a60fce463b8c25c7e767315b09"
print(db.create_child_page(dry_run: true) do |_, pp|
  pp["Name"] << "abc"
end
)
#!/bin/sh
curl -X POST 'https://api.notion.com/v1/pages' \
```

```
 -H 'Notion-Version: 2022-06-28' \
 -H 'Authorization: Bearer '"$NOTION_API_KEY"'' \
 -H 'Content-Type: application/json' \
 --data '{"properties":{"Name":{"type":"title","title":[{"type":"text","te
xt":{"content":"abc","link":null},"plain_text":"abc","href":null}]}},"paren
t":{"database_id":"345e60a60fce463b8c25c7e767315b09"}}'=> nil
```

ToDoブロック版と同様に **--data** の後ろがpayloadになります。ただし、**"Name"** の部分は利用するユーザーごとに異なるので、この部分をTitle Propertyの指定IDである **"title"** に変更します。これによって、利用するユーザーがどんなプロパティ名を設定していたとしても、このpayload がそのまま利用できることになります。dry_runの結果に合わせて、ショートカットを設定すると次のようになります。

●Create a page APIの呼び出し

データベース版は作成したページをそのまま表示します。返却されたレスポンスJSONの中に、**url** キー値があり、そこに作成したページのURLが格納されています。Notionアプリで表示する場合には、そのURLの **https://** を **notion://** に書き換える処理を行います。ブラウザで開きたい人は、この文字列の置き換え処理を取り除けばよいことになります。

● ページを開く処理

こちらも情報でApple Watchに表示と読み込むための質問を同様に設定して完了となります。

● Apple Watchに表示

●読み込むための質問

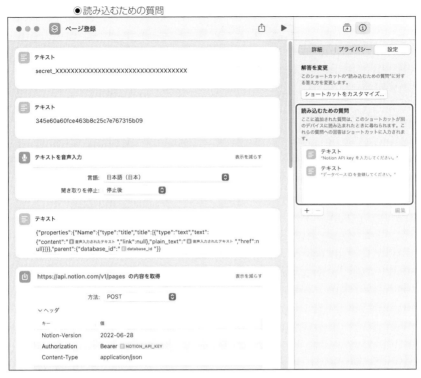

ここまでできたら、再生ボタンをクリックしてテスト実行してみましょう。音声入力が完了すると、指定したデータベースを親に持つページが追加されます。こちらは作成されたページがNotionで開きます。動作確認ができたら、iPhoneやApple Watchなどでも動作するかどうかを確認してみてください。

SECTION-025

レシート自動記録アプリ

本節では、iPhoneのカメラでレシートを撮影し、読み取った金額をページとして登録するショートカットを作成します。撮影画像中のテキスト認識機能、背面タップによるショートカット起動機能を連携することで、簡単に出金を管理しようとするものです。前節と同様にテンプレートを用意しているので、データベースなどはそのまま活用できます。これまでと同様にインテグレーションの作成方法やインテグレーションキーのコネクトなどの設定については省略します。詳細はテンプレート内の「設定方法 & 使い方」をご覧ください。

URL https://hkob.notion.site/4b996a95a7f344c681bf0f7739f58893

登録するデータベース

テンプレートに設定されたレシートデータベースと月まとめデータベースは次のような形式になっています。このショートカットでは、基本的にレシートデータベースにレシートのページを作成します。このとき、クリップボードに入っている文字列を数値に変換して、「支出」プロパティに貼り付け、日付プロパティを現在時刻に設定します。月ごとの集計がわかるように月まとめへのリレーションも自動的に貼ります。月替わりなど、月まとめに該当するページかない場合には、月まとめのページも自動的に作成します。

●レシートデータベース

●月まとめデータベース

218

▐▐▐ ショートカット作成

　ここから部分ごとに解説していきます。このアプリのショートカットはかなり長いです。このため、これまでと同じような部分については省略して記載します。たとえば、最初の共有シート、クイックアクションから入力を受け取る設定については省略します（「情報」タブの操作が必要です）。後でテストができるように入力がなかった場合には、クリップボードからテキストを取得するようにしておきます。

　そこから受け取ったテキストは貨幣記号や「,」などが含まれていることがあります。これらの記号は数字に変換する際に誤作動を起こすため、これらの記号を取り除きます。取り除く文字は正規表現で **[¥ ￥$ $€ £,,]+** のように記載しました。これによってクリップボードの文字列から支出金額を数値として取得できました。

◉貨幣記号や「,」を削除

　次にインテグレーションキーと2つのデータベースIDを登録しておきます。また、月まとめのタイトルを生成するためのキーワード文字列を設定します。上からそれぞれ、「NOTION_API_KEY」「receipt_database_id」「month_database_id」「date_format」として参照します。

●キーワード文字列の設定

次に現在時刻から月まとめのタイトル用の文字列と日付登録用のISO 8601フォーマットの文字列を作成します。前者はデフォルトでは「yyyy-MM」となっているので、「2022-11」のような文字列を作成します。

●日付をフォーマット

　ここで作成した月まとめタイトル文字列を使い、月まとめデータベースの「月」タイトルプロパティを検索します。これも、NotionRubyMappingでpayloadを教えてもらいます。

```
# 月まとめデータベースを取得
mdb = Database.find "904abe15c98b46d6ae99a5c35bcd8f45"

print mdb.query_database(mdb.properties["月"].filter_equals("2022-11"),
dry_run: true)
#!/bin/sh
curl -X POST 'https://api.notion.com/v1/databases/904abe15c98b46d6ae99a5c35
bcd8f45/query' \
  -H 'Notion-Version: 2022-06-28' \
  -H 'Authorization: Bearer '"$NOTION_API_KEY"'' \
  -H 'Content-Type: application/json' \
  --data '{"filter":{"property":"月","title":{"equals":"2022-11"}},"page_
size":100}'=> nil
```

　前節と同様に上記スクリプトの内容をアクションに展開しましょう。API呼び出しの結果、**results** キーにページの配列が返ってきます。その後、その最初の項目を取得します。

●月まとめページの検索

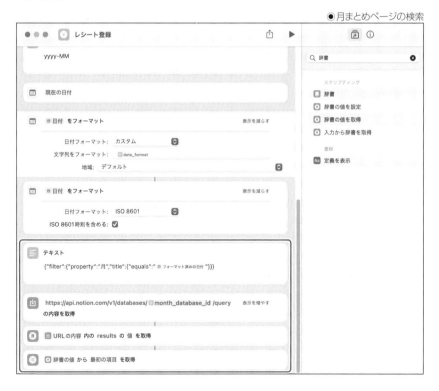

　ここで if 文を使い、リストからの項目がない場合の処理を記述します。リストからの項目がなかった場合、月まとめのページを作成します。こちらも同様にpayloadを教えてもらいます。

```
print(mdb.create_child_page(dry_run: true) do |_, pp|
    pp["月"] << "2022-11"
end)
#!/bin/sh
curl -X POST 'https://api.notion.com/v1/pages' \
  -H 'Notion-Version: 2022-06-28' \
  -H 'Authorization: Bearer '"$NOTION_API_KEY"'' \
  -H 'Content-Type: application/json' \
  --data '{"properties":{"月":{"type":"title","title":[{"type":"text","text":{"content":"2022-11","link":null},"plain_text":"2022-11","href":null}]}},"parent":{"database_id":"904abe15c98b46d6ae99a5c35bcd8f45"}}'=> nil
```

　上記のスクリプトをアクションに起こすと次のようになります。ページが作成されたら、そのページのidを変数 month_id に入れておきます。

●月まとめページを作成

　すでに月まとめのページが存在したときには、そのページのidを変数 `month_id` に登録します。この結果、どちらの場合でもその月のまとめページのidが変数 `month_id` に入っていることになります。

●idの登録

　これでレシートデータベースに登録する準備ができたので、こちらもdry_runによりスクリプトを作成してみます。

```
rdb = Database.find "cb497221fe934ee1ba676e909f9fb5c0"
print(rdb.create_child_page(dry_run: true) do |_, pp|
  pp["件名"] << ""
  pp["日付"].start_date = DateTime.now
  pp["支出"].number = 1234
  pp["月まとめ"].add_relation "5678"
end
#!/bin/sh
curl -X POST 'https://api.notion.com/v1/pages' \
  -H 'Notion-Version: 2022-06-28' \
  -H 'Authorization: Bearer '"$NOTION_API_KEY"'' \
  -H 'Content-Type: application/json' \
  --data '{"properties":{"日　付":{"type":"date","date":{"start":"2022-11-
```

27T07:00:16+09:00","end":null,"time_zone":null}},"支 出":{"number":1234,"typ
e":"number"},"月 ま と め":{"type":"relation","relation":[{"id":"5678"}]},"件
名":{"type":"title","title":[{"type":"text","text":{"content":"","link":nul
l},"plain_text":"","href":null}]}},"parent":{"database_id":"cb497221fe934ee
1ba676e909f9fb5c0"}}'=> nil

　設定する項目が多いので、payloadはかなり大きいですが、手動で書くことに比べた
ら楽ですね。ページを作成したら、そのページのURLを取得して、Notionアプリで開くよ
うにしています。以前のものと同じでブラウザで開きたい場合には文字の置き換えを除け
ばよいです。

●レシートページを作成

「情報」タブは次のように設定しました。

●「情報」タブの詳細

●「情報」タブの設定

▌▌▌動作確認

iPhoneの設定をする前に、まずこのショートカットが動作することをアプリ上で確認しましょう。実際の利用を考えて「¥1,234」のような貨幣記号を含んだ文字列をクリップボードに入れた状態で、このアプリを実行します。実行するとページが表示されました。金額が登録されており、月まとめへのリレーションも設定されていることがわかります。

● テスト登録したレシートページ

iPhoneの設定

　ショートカットの準備ができたので、次にiPhoneの設定を行います。最初にカメラ撮影時に画面上のテキストを認識できるようにする設定を行います。iOS 16の場合、「一般」→「言語と地域」の一番下にある「テキスト認識表示」をONにします。

● 言語と地域

　次に、「アクセスシビリティ」→「タッチ」→「背面タップ」の「ダブルタップ」を、先ほど設定を行った「レシート登録」ショートカットに設定します。

05

ショートカットによる応用

▓ 使用方法

　このショートカットの使い方は次の通りです。

❶ カメラを起動してレシートの金額部分が見えるようにします。

❷ 撮影中に画面の右下に現れる「テキスト認識」マークをクリックします。

❸ 数字部分をダブルタップするなどして選択します。

❹ 選択するとポップアップが表示されるのでコピーをクリックします。

❺ この状態でiPhoneの背面をダブルタップすると、今回設定したショートカットが起動します。

❻ レシートページがNotionで開くので、タイトルや種別を変更します。

　筆者のTwitterに使用例の動画を載せているので、下記URLも参考にしてください。

　　● 使用例の動画

　　　URL https://twitter.com/hkob/status/1541971805598281728

CHAPTER 06

NotionRuby Mappingを利用したツール

　GASやショートカットアプリでNotion APIを使うためには、JSONの記述を避けることはできません。このJSONを正確に記述することは難しいため、これらを隠蔽するライブラリとしてNotionRubyMappingを開発しました。

　本章では、NotionRubyMappingを利用して開発した、筆者が普段、Notion運用に使っている2つのターミナルアプリを紹介します。

ER図作成ツール

　最初に紹介するツールは、リレーションが張られたNotionのデータベースからERダイアグラムを作成するものです。Notionは複数のデータベースを用意し、簡単にリレーションを張ることができます。このため、システム設計前にNotionで具体的な情報を入れ込んだプロトタイプを設計することができます。また、NotionのMermaidブロックはER図を記述することができます。今回紹介するER図作成ツールは、前者のプロトタイプデータベースからMermaidブロックにER図を自動作成してくれるものです。このツールは、NotionRubyMappingをインストールしたときに、サンプルツールとして一緒にインストールされています。この節では、このツールを部分ごとに分割して解説していきます。

　このツールは、次のように呼び出されます。上記で説明したように調査するデータベースと記録するコードブロックのURLまたはIDを指定します。

```
notionErDiagram.rb データベースURL(またはID) コードブロックURL(またはID)
```

　ツールの先頭部分は次のようになっています。引数の確認をして、コードブロックおよびデータベースを find で取得しています。 dbs は未処理のデータベースを格納しておく配列です。 text は最終的にコードブロックに記述するMermaid記述を入れておく配列です。ここには行ごとの文字列を格納し、最後に合併します。

```ruby
#! /usr/bin/env ruby

require "notion_ruby_mapping"
include NotionRubyMapping

# 各種メソッド部 (後述)

if ARGV.length < 2
  print "Usage: notionErDiagram.rb top_database_id code_block_id"
  exit
end
database_id, code_block_id = ARGV
NotionRubyMapping.configure { |c| c.notion_token = ENV["NOTION_API_KEY"] }
block = Block.find code_block_id
unless block.is_a? CodeBlock
  print "#{code_block_id} is not CodeBlock's id"
  exit
end
dbs = [Database.find(database_id)]
text = %w[erDiagram]
```

　次はデータベースのリレーションを再帰的に検出する部分です。未処理のデータベースが格納されている **dbs** から1つずつ取り出してリレーションを取得します。無限ループに入り込まないように **finished** というハッシュでチェックします。　**append_database** はMermaidにEntityを追加する処理です。このメソッドの中身は後述します。その後、データベースのプロパティからリレーションプロパティだけを抽出し、MermaidにRelationを追加しています。このとき、リレーション先のデータベースが **finished** に登録されていなければ、未処理のデータベースとして **dbs** に追加します。NotionRubyMappingは内部にオブジェクトをキャッシュするため、同じIDのオブジェクトの等価性が保証されています。

```ruby
finished = {}
db_titles = {}
until dbs.empty?
  db = dbs.shift
  finished[db] = true
  append_database(text, db, db_titles)
  db.properties.select { |pp|
      pp.is_a? RelationProperty }.each_with_index do |pp, i|
    new_db = Database.find pp.relation_database_id
    normalize_db_title(new_db, db_titles) if db_titles[new_db].nil?
    text << "  #{db_titles[db]} |o--o{ #{db_titles[new_db]} : r#{i}"
    dbs << new_db unless finished[new_db]
  end
  text << ""
end
```

　ここで使われている **append_database** は次のようになっています。これはMermaidにEntityを追加する処理です。Entityには、リレーション以外のプロパティを属性名として記述しています。ただし、MermaidではASCII以外の属性名は付けられないため、コメント部に実際のプロパティ名を記述しています。

```ruby
def append_database(text, db, db_titles)
  bt = db_title db
  normalize_db_title(db, db_titles) if db_titles[db].nil?
  text << "  #{db_titles[db]} {"
  text << %(    Database title "#{bt}") unless bt == db_titles[db]
  db.properties.reject { |p|
      p.is_a? RelationProperty }.each_with_index do |p, i|
    class_name = p.class.name.split("::").last.sub /Property/, ""
    text << %(    #{class_name} p#{i} "#{p.name}")
  end
  text << "  }\n"
end
```

プロパティ名と同様にデータベース名にもASCII文字以外が付けられないので、次のメソッドでタイトルの正規化をしてハッシュに登録しています。

```ruby
def normalize_db_title(db, db_titles)
  base_title = db_title db
  db_titles[db] = base_title.gsub(/[\w\d\-_]+/, "").empty? ?
    base_title : "d#{db_titles.count}"
end

def db_title(db)
  db.database_title.full_text.gsub " ", "_"
end
```

再帰処理が終わると、textにMermaid文字列が格納されています。これをコードブロックのRich text objectに取り入れます。ただし、Notion APIではRich text objectのcontentに8000バイトまでという制限があります。その制限にかからないように2000文字単位で文字配列を再構成しています。再構成した文字配列を使って、コードブロックを更新して処理が完了です。

```ruby
text_objects = text.each_with_object([]) do |str, ans|
  strn = "#{str}\n"
  if (last = ans.last)
    if last.length + strn.length > 1999
      ans << strn
    else
      ans[-1] += strn
    end
  else
    ans << strn
  end
end
block.rich_text_array.rich_text_objects = text_objects
block.language = "mermaid"
block.save
```

　実際に使用した例が次の図です。このMermaidはかなり複雑で手動で書くのは大変なので、便利だと思います。リレーション名などは形式的に付けてしまっていますが、この部分はコードで簡単に修正できます。

●作成したサンプルER図

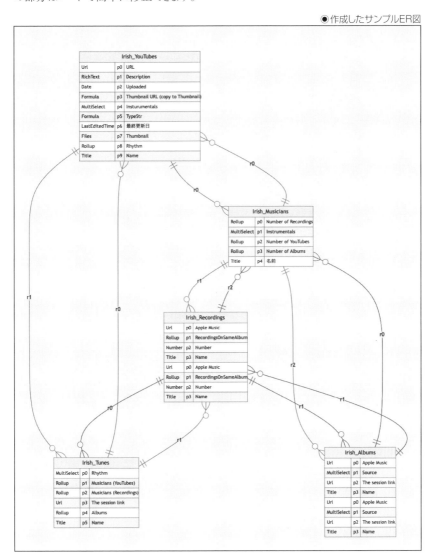

NotionRubyMappingを利用したツール

NotionTimeRecording

　次に紹介するツールはNotionTimeRecordingというタスク管理用のコマンドです。以前、同名のショートカットアプリを依頼されて作りましたが、ターミナルで動作するコマンドのほうが便利だと思い、作成したものです。

　このツールは私のタスク管理のために利用しているものです。2022年12月にNotionページに依存関係が設定できるようになりました。この依存関係により依存関係を持つタスク管理がさらにやりやすくなったため、このツールも即座に対応させました。コマンドの説明をする前に筆者のタスク管理を簡単に説明します。

▌依存関係を用いたタスク管理

　筆者のタスク管理はGTDをベースとしたものです。タスクは日付をまたがない小さなものになっています。日付や時間が決まったタスクは164ページのGASシステムによりGoogleカレンダーから自動的にタスクデータベースに登録されます。

　一方、まだ実施時間が決まっていないタスクは、日付を未設定としたタスクとして登録します。これには、209ページで紹介した「声でタスク登録」などを使い、思いついたタスクを即座に登録していきます。

　GTDではこれらの未完了のタスクから、すぐに実施できるものを選んで実施していきます。しかし、これまでは大量に登録するタスクから該当のものを選ぶのが困難でした。特に、すぐに実施できないタスクの多くは、依存関係によりあるタスクが終了しないと開始できないものでした。今回追加されたページ間の依存関係はこの問題を改善することができます。具体的には、次のようにタスクの依存関係を設定しました。

●タスク依存関係

　たとえば試験に関するタスクは、この依存関係を設定することにより、左側のタスクと右の後タスクが連携することになりました。

●依存関係を設定したタスク例

　このままだと依存関係で実施できないタスクも表示されてしまうので、それを非表示にする仕組みを作りました。まず、前タスクの完了率を集計するロールアップの作成です。前タスクが存在しないときには、このロールアップ値は空になります。

●前タスクの完了率を計算するロールアップ

　このロールアップ値を使って、次のようなフィルタを追加します。

- 「Done」がONになっていないこと
- 日付が空欄であること
- 「PercentPreviousDone」が空であるか「1」（100%）であること

●集計したロールアップによる実施可能タスクの絞り込み

このフィルタを設定した結果、次のように先頭のタスクのみが表示されるようになりました。

◉絞り込み後のタスク一覧

📄 情報処理III後期期末試験作成	📄 情報処理III校期期末試験採点

▌▌▌ NotionTimeRecordingの仕様

今回紹介するNotionTimeRecordingは、このタスク管理を補助するツールです。次のコマンド群からなる一連のツールになります。

▶「st」コマンド(Start Task)

st タスク名 とすると、タスク名というタイトルのページがタスクデータベースに作成されます。このとき、開始時刻が日付プロパティに登録されます。完了後そのタスクが表示されます。

st とすると、未完了タスクのうち今日のタスクおよび日付未設定でかつ実行可能のものが一覧表示されます。その中からタスクを選択するとそのタスクの開始時刻が日付プロパティに登録されます。完了後そのタスクが表示されます。

▶「et」コマンド(End Task)

et とすると開始されている未完了タスク一覧のみが表示されます。その中からタスクを選択するとそのタスクの終了時刻が記録され、タスクの完了フラグがセットされます。完了後そのタスクが表示されます。

▶「nt」コマンド(New Task)

nt タスク名 とすると、日付未設定のタスクが作成されます。これはショートカットで解説した声でタスク登録と同じ機能です。

▶「ntd」コマンド(New Task with Dependency)

ntd タスク名 とすると、未完了タスクのうち今日のタスクと日付未設定のタスクがすべて一覧表示されます。タスクを選択すると、そのタスクを親とする依存関係のタスクが生成されます。

▶「ot」コマンド

ot とすると未完了タスクのうち今日のタスクおよび日付未設定でかつ実行可能のものが一覧表示されます。タスクを選択するとそのタスクが表示されます。

Notionは時刻の入力が面倒なので、st や et コマンドで現在時刻が記録されるのは非常に時短になります。

▍NotionTimeRecordingの解説

　これらのコマンドはかなり共通部分があります。そのため、スクリプトは1つにまとめました。ここでもスクリプトを部分ごとに解説します。

　スクリプトの開始部分はいつものようにNotionRubyMappingの初期化です。ここで、`CMD_NAME` 定数に自分自身のコマンド名を入れています。この定数によって、後の部分で処理を振り分けています。

```ruby
#!/usr/bin/env ruby
# frozen_string_literal: true
require "date"
require "notion_ruby_mapping"
include NotionRubyMapping
NotionRubyMapping.configure do |config|
  config.notion_token = ENV["NOTION_API_KEY"]
  config.wait = 0
end

DATABASE_ID = "2395e3ffb55e4a8abc1ba426243776e3"
CMD_NAME = File.basename $0
```

　メインの処理は、取得したコマンド名を使って `case` 文で処理分けをしているだけです。

　`nt` の場合は、残りの引数をタスク名としてデータベース内にページを作成しているだけです。このコマンドはページ表示しないので、ここでプログラムを終了しています。

　`ntd` の場合には、`select_task` メソッドでタスクを選択し、ページ作成時に前ページプロパティにそのタスクのidを登録しています。このコマンドの場合には、`select_task` のときに依存関係での絞り込みをしないため、`new_task` 引数を設定しています。こちらもここでプログラムを終了しています。

　`ot` の場合には、`select_task` を実行するだけです。`case` の終了後に `page.url` を開いているため、そのページがNotionで開きます。以降の他のコマンドもすべて最後にNotionページを開きます。

　`et` の場合には、`end_task` フラグを付けて `select_task` を呼び出します。このフラグにより開始していないタスクは選択されないようになります。タスク選択後は終了時刻と管理用フラグを更新し、Notionページを表示します。

　`st` の場合には、引数の有無で処理が分かれます。引数がない場合には、`select_task` でタスクを選択後、そのタスクの開始時刻を設定した上でNotionページを開きます。引数がある場合には、開始時刻を設定した新しいページを作成します。その後、作成したページを表示します。

```ruby
case CMD_NAME
when "nt"
  Database.find(DATABASE_ID).create_child_page do |p, pp|
    pp["タスク名"] << ARGV.join(" ")
  end
  exit # nt コマンドのときには Notion を開かない
when "ntd"
  page = select_task new_task: true
  Database.find(DATABASE_ID).create_child_page do |p, pp|
    pp["タスク名"] << ARGV.join(" ")
    pp["前タスク"].relation = page.id
  end
  exit # ntd コマンドのときには Notion を開かない
when "ot"
  page = select_task
when "et"
  page = select_task end_task: true
  pp = page.properties
  pp["日付"].end_date = DateTime.now
  pp["Done"].checkbox = true
  page.save
when "st"
  if ARGV.empty?
    page = select_task
    pp = page.properties
    pp["日付"].start_date = DateTime.now
    page.save
  else
    page = Database.find(DATABASE_ID).create_child_page do |p, pp|
      pp["タスク名"] << ARGV.join(" ")
      pp["日付"].start_date = DateTime.now
    end
  end
end
url = page["url"]
system("open #{url}")
```

　select_task メソッドは次のようになります。 new_task フラグが立っていないと
きには、ロールアップの値を利用して依存関係で実施できるタスクのみを絞り込んでいま
す。必要なフィルタのものでページを抽出し、画面にタイトルを一覧表示しています。該
当するページの番号が入力されたら、そのページをメソッドの返り値として返却します。

```ruby
def select_task(end_task: false, new_task: false)
  db = Database.find DATABASE_ID
  dps = db.properties
  dp, cp, tp, pdp = dps.values_at *%w[日付 Done タスク名 PercentPreviousDone]
  now = Time.now
  end_of_day = Time.local(now.year, now.month, now.mday, 23, 59, 59)
  date_query = dp.filter_before(end_of_day)
                 .and(cp.filter_equals false)
                 .ascending(dp)
  date_exists = db.query_database(date_query).to_a
  unsettled_query = dp.filter_is_empty
                      .and(cp.filter_equals false)
                      .ascending(tp)
  unless new_task
    query_is_empty = pdp.filter_is_empty another_type: "number"
    query_equals_1 = pdp.filter_equals 1, another_type: "number"
    unsettled_query.and(query_is_empty.or(query_equals_1))
  end
  date_unsettled = end_task ? [] : db.query_database(unsettled_query).to_a
  pages = date_exists + date_unsettled
  if pages.count.zero?
    puts "There are no tasks."
    exit
  else
    pages.each_with_index do |apage, i|
      puts "#{i}: #{apage.title}"
    end
    puts "\nPress number or q"
    num_or_q = STDIN.gets.chomp
    exit if num_or_q == "q"
    pages[num_or_q.to_i]
  end
end
```

▍コマンドの複製

このコマンドは **nt** という名前で自分の実行ファイル保存ディレクトリに設置しました。残りは次のようにしてシンボリックリンクでコマンドを複製しました。

```
ln -s nt ntd
ln -s nt st
ln -s nt et
ln -s nt ot
```

筆者は現在も、これらのコマンドを使って日々タスク登録およびタスク選択を実施しています。

COLUMN	NotionTimeRecorder

本書の執筆後にRuby/Tkを使ったNotionTimeRecorderというGUIアプリを開発しました。Windows／macOS／Linuxなどで動作します。興味がある方は下記のページをご覧ください。

URL https://hkob.notion.site/NotionTimeRecorder-GTD
　　　　　-template-8c4b5813dbbe4774a517314c9b20bafa

||| EPILOGUE

　Notion APIはリファレンスが丁寧にまとまっているのですが、エンジニアではないとなかなか理解しにくい表記があるように感じました。そこで、この本では具体的な例をテンプレートで示し、実際に作業してもらってその仕組みを理解してもらう形をとりました。そのため、ファレンスの部分にかなりページを割く形になりました。

　応用編ではGASやショートカットなど、初心者でも手を出しやすい環境を取り上げました。これではもの足りないと思う人は、実際にNotion公式が出しているJavaScriptのSDKなどを使い、より複雑なシステムを組み上げてみてください。

　この本の執筆は株式会社ノースサンドの近藤容司郎さんから依頼されたものでした。このような機会をいただき御礼申し上げます。また、今回紹介したアプリの多くは「Notionしゅふ会」や「Notion座談会」での雑談から産まれたものが多くあります。両会を主催する田村理絵さんに感謝申し上げます。

2023年3月

小林弘幸

INDEX

■著者紹介

こばやし　ひろゆき
小林　弘幸

1968年、埼玉生まれ。
東京都立産業技術高等専門学校 ものづくり工学科 電気電子工学コース 教授。令和6年度からは情報システム工学コース 教授。
職場ではRuby on Railsによるデータベースシステムを開発・運用中。
研究では画像符号化の研究に従事。
令和4年4月よりNotion Ambassadorとしてボランティア活動を開始。
毎週金曜日に「Notion座談会」というYouTubeチャンネルにてライブ配信に参加。
Notion Essentials、Apple Teacherの資格を保持。
趣味として、Irish Music（ケルト音楽）に興味がありボタンアコーディオン（B/C）を練習中。
Twitterアカウントは@hkob（https://twitter.com/hkob）
hkob's Notion : https://hkob.notion.site/

◆著書
『情報演習6　ステップ30 C言語ワークブック』（共著、カットシステム）

◆公開情報
NotionRubyMapping gem（https://rubygems.org/gems/notion_ruby_mapping）
逆引きFormula
　　　（https://hkob.notion.site/Formula-b1dfb915e3b348bf82e5e283017adea1）
逆引きNotion
　　　（https://hkob.notion.site/Notion-e71a0f9fb19c49a9abecbab34b47b4d0）
Notion API ChangeLog まとめ
　　　（https://hkob.notion.site/Notion-API-Changelog-
　　　　　　　　　6a8efd665f694b3996c3089f680003e0）
声でタスク登録テンプレート
　　　　　（https://hkob.notion.site/6f14408c68954ef580a0e90fe9694ba7）
レシート自動登録テンプレート
　　　　　（https://hkob.notion.site/ea9633d3a1c643a8bd72cee8d5d5d286）
Slack to Notionテンプレート
　　　（https://hkob.notion.site/Slack-to-Notion-
　　　　　　　　　96d1bff918264855a8918a7930ecf71b）
Irish tunes in YouTube
　　　　（https://hkob.notion.site/Irish-tunes-in-YouTube-
　　　　　　　　　5c384da3504d496283532a14150332b9）
森高千里データベース
　　　　（https://hkob.notion.site/e270e75757a644e398fc02db1c32a8f5）

◆参加コミュニティ
Notionしゅふ会（https://notionobasan.com/shuhukai）
Notion座談会（https://notionzadankai.studio.site/）
YUKA'S STUDIO（https://www.yukaohishi.com/studio）

編集担当 ： 吉成明久 / カバーデザイン ： 秋田勘助（オフィス・エドモント）

●特典がいっぱいのWeb読者アンケートのお知らせ

C&R研究所ではWeb読者アンケートを実施しています。アンケートにお答えいただいた方の中から、抽選でステキなプレゼントが当たります。詳しくは次のURLのトップページ左下のWeb読者アンケート専用バナーをクリックし、アンケートページをご覧ください。

C&R研究所のホームページ **https：//www.c-r.com/**

携帯電話からのご応募は、右のQRコードをご利用ください。

Notion API活用術

2023年4月27日　　初版発行

著　　者	小林弘幸
発行者	池田武人
発行所	株式会社　シーアンドアール研究所
	新潟県新潟市北区西名目所 4083-6（〒950-3122）
	電話　025-259-4293　　FAX　025-258-2801
印刷所	株式会社　ルナテック

ISBN978-4-86354-413-0　C3055

©Hiroyuki Kobayashi, 2023　　　　　　　　　　　Printed in Japan

本書の一部または全部を著作権法で定める範囲を越えて、株式会社シーアンドアール研究所に無断で複写、複製、転載、データ化、テープ化することを禁じます。

落丁・乱丁が万が一ございました場合には、お取り替えいたします。弊社までご連絡ください。